АРТИЛЛЕРИЙСКОЕ ВООРУЖЕНИЕ
БОЕВАЯ МАШИНА БМ-21

火炮武器：
多管火箭炮系统БМ-21

[俄] В. В. 库拉科夫，[俄] Е. И. 喀什琳娜
[俄] О. Ю. 喀什琳娜，[俄] Ю. И. 利特温 著

许耀峰　崔青春　张世全　刘朋科　译

北京理工大学出版社
BEIJING INSTITUTE OF TECHNOLOGY PRESS

内 容 简 介

本书简述了火箭炮的发展历程、结构、操作顺序和规则,以及火箭炮弹药的操作和维修特点;介绍了БМ-21火箭炮的结构和战术技术特点,以及运输装载车和标准弹药的特点,并说明了各机构可能出现的故障,以及排除故障的具体方法。

本书既可作为高等学校武器装备工程专业或其他国防专业学习用书,也可作为有关工程技术人员的参考书。

版权专有　侵权必究

图书在版编目(CIP)数据

火炮武器. 多管火箭炮系统 БМ-21 /(俄罗斯)库拉科夫等著;许耀峰等译. -- 北京:北京理工大学出版社,2025.2.

ISBN 978-7-5763-5137-8

Ⅰ. TJ3

中国国家版本馆 CIP 数据核字第 2025MW2165 号

责任编辑:钟　博　　文案编辑:钟　博
责任校对:周瑞红　　责任印制:李志强

出版发行 / 北京理工大学出版社有限责任公司
社　　址 / 北京市丰台区四合庄路 6 号
邮　　编 / 100070
电　　话 / (010) 68944439(学术售后服务热线)
网　　址 / http://www.bitpress.com.cn

版 印 次 / 2025 年 2 月第 1 版第 1 次印刷
印　　刷 / 廊坊市印艺阁数字科技有限公司
开　　本 / 710 mm × 1000 mm　1/16
印　　张 / 10.75
字　　数 / 158 千字
定　　价 / 76.00 元

图书出现印装质量问题,请拨打售后服务热线,负责调换

译者序

火箭炮是一种能提供大面积瞬时密集火力的有效武器，具有威力大、火力猛、射程远等特点，作为突击武器，其主要作战任务是歼灭或压制敌方机械化纵队、旅或后备营等有生力量和各种战斗兵器，对付敌集群坦克和装甲车辆，也能实施发射干扰弹、油气弹和化学弹等特殊战斗任务。多管火箭炮有管式、笼式、轨道式和箱式等。目前火箭炮射程可达数百千米以上，其战斗性能与战术导弹系统接近，且成本低，火力密度高。

火箭武器的雏形起源于中国，于 13 世纪在欧洲战场上大规模使用。18—19 世纪是火箭武器的发展时期。苏联推动了现代火箭炮的发展。第二次世界大战期间及以后，苏联/俄罗斯先后研制了 М－8－24、БМ－13 "喀秋莎"、БМ－13Н、БМ－13НМ、БМ－13НММ、БМ－14、БМ－14М、БМ－14ММ、БМ－14－17、БМ－14－17М、РПУ－14、БМ－24、БМД－20、БМ－25、БМ－21 "冰雹（Град）"、М－21В "冰雹－В"、9К51 "冰雹"（БМ－21－1）、9К57 "飓风（Ураган）"（БМ－22、БМ－27）、9К58 "旋风（Смерч）"（БМ－30）、"龙卷风（Торнадо）"、9К59 "一度音（Прима）" 等火箭炮。有 82 mm、122 mm、132 mm、140 mm、200 mm、220 mm、240 mm、250 mm、

300 mm 等口径。进入 21 世纪,"龙卷风"系列多管火箭炮逐渐替代"旋风"和"冰雹"多管火箭炮。"冰雹"的改进型"龙卷风 – Г"于 2012 年服役,"旋风"的改进型"龙卷风 – С"于 2016 年服役。整体更换定向器的"飓风 – 1М"于 2017 年投入使用。

本书是俄罗斯学者根据俄罗斯高等院校开设的"火炮武器"课程讲义、火炮武器教科书和教学参考书、БМ – 21 火箭炮的技术说明和使用指南、1992—2018 年的教学和科研内容编写的。本书讲述了火箭炮的发展历史及未来发展方向(增大射程和提高射击准确度、增大火力密度、扩大作战任务数量、增加机动性和提高备战状态);以 БМ – 21 火箭炮为例,讲解了火箭炮的结构组成、配属弹药、操作使用、维护保养、故障排除等内容;提供了新发展的射击指挥自动化系统、带无人侦察功能的新型弹药、安装机载惯性系统和卫星修正系统的高精度弹药等研究资料。

我国自 20 世纪 50 年代系统性引入苏联火炮类系列教材,用其培养了我国一代代的专业人才,但此后近 70 年国内很少出版俄罗斯火炮类教学材料和科研参考工具书籍,在一定程度上限制了对军事强国俄罗斯火炮专业技术新发展的了解。本书对完善和补缺我国火炮武器装备书籍进行了有益探索,对新技术应用和火炮武器创新、作战使用、射击指挥等具有指导意义,适用于军事专业军官和士官的军事培训、高等学校火炮/弹药类相关军工专业教学使用,也适用于火炮武器装备设计、制造、使用、维修保障和管理等不同岗位及专业方向的工作者参考。

本书共分 17 章。第 1 章"火箭炮的发展历史和作战使用",简述了火箭炮的起源和火箭炮的发展远景。第 2 章"БМ – 21 火箭炮和弹药概况",论述了 БМ – 21 火箭炮的用途、组成及战术技术性能、基本结构、弹药。第 3 章"起落部分",讲述了摇架、定向器、平衡机和定向管固定。第 4 章"回转部分",讲述了回转盘、座圈、高低机、方向机、手摇传动装置、高低固定器、方向固定器的用途和结构组成。第 5 章"底盘",讲述了副车架、板簧固定器的结构。第 6 章"气动装置",讲述了气动装置的用途、组成及动作流程等。第 7 章"电传动装置",讲述了自发电装置、方向机和高低机电传动装置的用途和组成。第8章"发火电路",讲述了发火电路的组成、电气安件。第9章"瞄准装置",讲述了Д7260-45瞄准具、ПГ-1М周视瞄准镜、К-1标定器的用途、组成和战术技术性能等。第10章"辅助电气设备和无线电设备",讲述了辅助电气设备、无线电设备、"光束"С-71М等的用途和组成。第11章"М-21ОФ火箭弹",讲述了战斗部、火箭部、МРВ-У和МРВ引信等的用途、结构和工作原理。第12章"2Т254运弹(运输)车",讲述了运弹车的用途、战术技术性能和火箭弹架的结构。第13章"备件、工具和附件(备附具)",讲述了其组成分类和用途。第14章"火箭炮状态转换",讲述了火箭炮的行军状态和战斗状态转换的操作内容。第15章"火箭炮射击前准备",讲述了火箭炮作业时的安全措施、外观和机构检查、脉冲信号发生器准备、瞄准装置检查与规正、弹药准备、火箭炮的装弹和退弹。第16章"火箭炮的技术保养",讲述了一般检查、日常保养、1号技术保养、2号技术保养、季节性保养等内容。第17章"技术保养时机构动作检查方法",讲述了高低和方向固定器动作检查、板簧固定器动作检查、手摇传动装置链条的张紧度检查、高低机空回检查、高低机和方向机手轮力矩检查、高低机离合器打滑力矩检查、安全离合器的打滑力矩检查、用电传动系统高低角限位器工作情况检查、用电传动系统方向角限位器工作情况检查、电传动系统组件的插销接头检查、电传动系统检查、车外定向器击发电路检查、机械式象限仪检查、炮目高低角装定器空回测定、高角装定器空回测定、周视瞄准镜方向角和高低俯仰的空回测定、瞄准具纵向和横向不可恢复晃动量测定、瞄准具装定示值正确性检查、瞄准具固定检查、高低水准器调整正确性检查、倾斜水准器调整正确性检查、瞄准线偏移量检查。

本书由兵器首席科学家许耀峰、兵器科技带头人崔青春、张世全研究员、刘朋科研究员译著。张世全负责全书审稿,许耀峰负责总审定稿,中国兵工学会组织行业内学者专家推荐出版。本书尊重原著特点,保留原著中的代号缩略语,同时承延我国火炮专业习惯,体现火炮技术发展趋势。鉴于译者水平有限，本书难免有疏漏和不当之处，恳请读者批评指正。本书在翻译过程中得到了中国兵工学会、西北机电工程研究所领导的大力支持和帮助，在此对付出辛勤劳动的同志们一并表示衷心的感谢。

译者

前言

鉴于国家和武装部队领导的持续关注，俄罗斯军队经常列装新武器装备样机。目前火箭军和陆军火炮部队中的现代化武器装备占比达 60%。新装备提高了俄罗斯军队的装备程度水平。基于新装备无故障运行，火箭军和陆军火炮部队实现了高概率歼敌，并在实质上提高了部队的生存能力。此外，该类装备较易适用于不同的作战条件，且制造简便，与国外同类产品相比生产成本较低，这使俄罗斯武器在国际市场上的需求不断增加。

БМ-21 火箭炮自 1963 年开始服役。在服役期间，它被证实是一种可靠、简单且有效的主战装备。

在火箭炮设计初期，已经考虑到现代化和改进型的可能性。20 世纪 60 年代的火箭炮虽然在外形上与现代化火箭炮类似，但与现代化多管火箭炮"一度音""龙卷风"（Торнадо）-Г 相比还存在一定的差距。但是，研究首型样机的现实意义不容被忽视。就结构和作用而言，БМ-21 火箭炮保留了一般火箭炮大部分组件和装置的性能、特点和结构特性。事实上，军事装备的可靠性只能在使用中进行检验和评价。БМ-21 火箭炮于 1969 年在达曼斯基岛进行了首次重大试验，此后在师、旅、团级，它始终是压制敌方最有效的火力武器之一。

本书是根据高等院校的"火炮武器"课程讲义、火炮武器教科书和教学参考书、БМ–21火箭炮的技术说明和操作指南、1992—2018年的教学方法和科研内容等设计的。

考虑到读者可能仅了解БМ–21火箭炮作战使用的历史问题、结构性能和基本操作，但不并完全熟知其结构、弹药、技术保养特点和使用情况，因此本书在编写上着重对БМ–21火箭炮的结构、使用和保养方面进行了介绍。

此外，本书单设章节介绍了现代多管火箭炮领域的新进展，包括新型射击自动化系统、射击指挥和弹药。

为了更方便、更好地对教科书材料进行补充扩展，本书引用了中央档案馆、互联网公开资源的资料，以及БМ–21火箭炮的技术说明和操作指南（苏联国防部军事出版社，1971）。

历史学博士、教授 В. В. 库拉科夫

目 录 CONTENTS

第1章 火箭炮的发展历史和作战使用 ………………………………… 001
  1.1 火箭炮的起源 ………………………………………………… 001
  1.2 火箭炮的发展远景 …………………………………………… 017

第2章 БМ–21火箭炮和弹药概况 …………………………………… 022
  2.1 БМ–21火箭炮的用途、结构组成及战术技术性能 ………… 022
  2.2 БМ–21火箭炮的基本结构 ………………………………… 024
  2.3 БМ–21火箭炮的弹药 ……………………………………… 026

第3章 起落部分 ………………………………………………………… 030
  3.1 摇架 …………………………………………………………… 030
  3.2 定向器 ………………………………………………………… 032
  3.3 平衡机 ………………………………………………………… 034
  3.4 定向管 ………………………………………………………… 035

第4章 回转部分 ………………………………………………………… 037
  4.1 回转盘 ………………………………………………………… 037
  4.2 座圈 …………………………………………………………… 037
  4.3 高低机 ………………………………………………………… 038
  4.4 方向机 ………………………………………………………… 041

4.5 手摇传动装置 ··· 044
4.6 高低固定器 ··· 045
4.7 方向固定器 ··· 047

第 5 章 底盘 ·· 049
5.1 副车架 ··· 049
5.2 板簧固定器 ··· 050

第 6 章 气动装置 ··· 053

第 7 章 电传动装置 ·· 056
7.1 自发电装置 ··· 056
7.2 方向机和高低机的传动装置 ···················· 062

第 8 章 发火电路 ··· 069
8.1 发火电路的组成 ···································· 070
8.2 电气安装件 ··· 072
8.3 使用 9В370М 装置射击 ·························· 073

第 9 章 瞄准装置 ··· 075
9.1 Д726-45 瞄准具 ··································· 075
9.2 ПГ-1М 周视瞄准镜 ······························· 077
9.3 К-1 火箭炮标定器 ································ 078

第 10 章 辅助电气设备和无线电设备 ················· 080
10.1 辅助电气设备 ······································ 080
10.2 无线电设备 ··· 081
10.3 "光束"-С71М 照明具 ························· 083

第 11 章 М-21ОФ 火箭弹 ································ 084
11.1 战斗部 ··· 084
11.2 火箭部 ··· 085
11.3 МРВ-У 和 МРВ 引信 ··························· 087

第 12 章 2Т254 运弹（运输）车 ······················· 092

第 13 章 备件、工具和附件（备附具）··············· 095

第 14 章 火箭炮状态转换 ································· 097

14.1	火箭炮由行军状态转换为战斗状态	097
14.2	火箭炮由战斗状态转换为行军状态	097

第 15 章　火箭炮射击前准备 … 099

15.1	火箭炮作业时的安全措施	099
15.2	火箭炮外观和机构检查	100
15.3	脉冲信号发生器准备	101
15.4	瞄准装置检查与规正	101
15.5	火箭弹准备	103
15.6	火箭炮的装弹和退弹	104

第 16 章　火箭炮的技术保养 … 106

第 17 章　技术保养时机构动作检查方法 … 109

17.1	高低和方向固定器动作检查	109
17.2	板簧固定器动作检查	110
17.3	手摇传动装置链条的张紧度检查	110
17.4	高低机空回检查	111
17.5	高低机和方向机手轮力检查	111
17.6	高低机离合器打滑力检查	111
17.7	安全离合器打滑力检查	112
17.8	用电传动系统高低角限位器工作情况检查	113
17.9	用电传动系统方向角限位器工作情况检查	114
17.10	电传动系统组件的插座及插头检查	115
17.11	电传动系统检查	115
17.12	车外定向器射击电路检查	116
17.13	机械式象限仪检查	118
17.14	炮目高低角装定器空回测定	118
17.15	高角装定器空回测定	119
17.16	周视瞄准镜方向角和高低俯仰的空回测定	119
17.17	瞄准具纵向和横向不可恢复晃动量测定	120
17.18	瞄准具装定示值正确性检查	120

17.19	瞄准具固定检查	121
17.20	高低水准器调整正确性检查	121
17.21	倾斜水准器调整正确性检查	122
17.22	瞄准线偏移量检查	122

原始资料与参考文献 … 133

原始资料 … 133

参考文献 … 134

附录 … 140

附录1 … 140

附录2 … 143

附录3 … 145

附录4 … 148

附录5 … 150

附录6 … 151

附录7 … 153

第1章
火箭炮的发展历史和作战使用

1.1 火箭炮的起源

在中世纪，中国人使用名为"火枪"的武器。它是一种内部装满火药的空心管，并固定在杆上。这种空心管依靠火药燃烧的能量飞向敌人并发生爆炸。

15世纪初期，朝鲜人改进了这种武器。该改进的武器可同时发射10发弹，名为"火力车"（Хваччи）（原书提到朝鲜发明的"神机箭"，但史料记载"神机箭"为我国明代时由我国传入朝鲜，有待考证）（图1.1）。

图1.1 "火力车"装置①

---

① 图1.1、图1.2，青铜收藏品。http://bk40.org/catalog/product/hvachha-2-147，军事评论网。https://topwar.ru/116841-hvachha-pervaya-massovaya-sistema-zalpovogo-ognya-srednevekovya.html.

"火力车"是轮式推车型，其上安装由外切圆管形成的独特箱组，管中装有带飞行稳定翼的箭和火药装药，它们被命名为 Сингиджон。

　　最初，箱中有100支箭，随后数量增加到200支。箱中有50个单元孔，每个单元孔可放置4支箭。"火力车"的射击精度不高，但火力密度达到了杀伤要求。例如，1593年朝鲜成功利用"火力车"在要塞防御上彻底清除了日本扩张主义威胁。

　　根据射角和地形的不同，"火力车"打击敌人的范围为100～500 m[1]。

　　俄罗斯杰出的火箭炮设计专家康斯坦丁诺夫中尉认为该武器"在仅用火药的地方同时使用火箭与火炮。"[2]

　　在俄罗斯，类似的装备有更大的进展。这就是用于发射火箭的齐射装置——布特卡和箱，它可同时/突然发射5发弹[3]。

　　火箭炮一直在不断改进。1813年，在莱比锡战役期间，隶属于沃龙佐夫伯爵部队的英国火箭炮连利用专用炮架同时发射5发火箭弹，成功地抵抗了法国骑兵的袭击[4]。

　　英国使用的是野战火箭发射架。该装置由安装在2个车轮上的可装弹扁平发射箱组成。该炮架上布置了8根约12俄尺（3 657.6 mm）长的铜制火箭管。该管可通过一个铁制支架和齿轮带组成的特殊装置形成不

---

[1] 武器收藏品. http://weaponscollection. com/26/10061 - hvachha - stala - pervoymassovoy - sistemoy.

[2] М. Е. Сонкин. Русская ракетная артиллерия. М. : Воениздат, 1952. С 11.

[3] С. В. Гуров. Реактивные Системы Залпового огня. Обзор. Под общ. ред. акад. РА - РАН, д. т. н. , проф. Н. А. Макаровца. Тула：Пересвет, 2006. 432 с. ISBN 5 - 86714 - 282 - 5. С. 14. Соч. Данилова. Довольное и ясное показание, по которому всякой сам собою может приготовлять и делать всякие фейерверки и разные иллюминации. М. : Университетская Типография, 1822. С. 32. О стеллажах, фейерверочных корпусах и нечто о расположении увеселительных огней. Санкт - Петербург. В типографии I. Иоаннесова 1820 года. С. 41, 42, 43. Вклейка Т：IX. ф: 46, ф: 47, ф: 48. Рукопись российским книгам для чтения из Библиотеки Александра Смирдина Систематическим порядком расположенная. В четырех частях, с приложением：Азбучной Росписи имени Сочинителей и переводчиков, и Краткой Росписи кни - гам по азбучному порядку. - Санкт - Петербург в типографии Александра Смир - дина. 1828. С. XXII (начало книги. Азбучная роспись) и С. 333.

[4] Метательные ракеты/Лекции 1 - го юнкерского класса Михайловского 185?. С. 24. Константинов 1 - й. Полковник. Некоторые сведения о введении и употребле - нии боевых ракет в главных иностранных европейских армиях//Морской сборник. №10. Октябрь 1855 г. С. 271, 272, 299. Константинов К. И. Боевые ра - кеты. Добавление к курсу Г. Л. Весселя. 186?. С. 8.

同的射角。

磨损的叶状铁板不仅用来向身管中装填火箭弹，还可用于身管尾部的关闭。所有8发火箭弹的发射都是通过一个专用闩体（枪闩）进行的。

法国也有可以同时发射所有火箭弹的类似发射装置。

19世纪60年代美国内战时期，美国利用轻型炮架发射火箭弹。该装置装有4个长约8俄尺（2 438.4 m）的铁质身管[①]。

俄国在16世纪末—17世纪初使用了信号弹、照明弹和燃烧弹弹头。到18世纪，烟幕弹的结构可以分为战斗部（弹头）、火箭部和侧稳定器（侧火箭尾翼，固定在火箭弹体的侧面）。在俄罗斯和其他国家，这种结构（战斗部和带侧稳定器的火箭部）被应用于大多数现代化火箭弹药中。

1680年，莫斯科建立了第1个专业的用于生产火药、信号弹以及烟幕弹配套件的"火箭机构"。除此之外，圣彼得堡的一个烟火试验室也生产该类火箭弹[②]。

在彼得一世的亲自领导下，1717年，俄国研制出了25 mm（1俄磅重，1俄磅≈409.5 g）的信号弹样机[③]。该样机在4~5 s内达到飞行高度1 000 m，然后在12~15秒内落下。该火箭弹在俄国部队服役了150年[④]。

带前架的炮架模型如图1.2所示。

图1.2 带前架的炮架模型，6个定向管可同时发射6发20磅重的火箭弹
[基金会（俄罗斯，圣彼得堡，2010年）]

---

① http://www.spaceline.org/history/2.html.
② Боевые реликвии. Путеводитель по залам Военно – исторического музея артил – лерии, инженерных войск и войск связи. М.：Воениздат 1983. C. 79.
③ Военные знания No 11. 1971. C. 30；Техника и Вооружение. No 2. 1976. C. 46.
④ Н. Ф. Рождественский. Артиллерийское вооружение. Часть II. Орудия Совет – ской артиллерии. Минометы. Реактивное оружие. М.：МО СССР, 1986. C. 267.

1812 年卫国战争后，卡尔马佐夫研制出了俄国的第一发火箭弹。由于该火箭弹散布相当大，所以并没有在俄军内服役。

俄国军队首次使用火箭弹的时间是在 19 世纪 20 年代中期。该火箭弹的研发者是亚历山大·德米特里耶维奇·扎西德科（1779—1837 年）。1815 年，他靠自己的力量组建了一个试验室。经过两年的试验，他制造了口径为 50.8 mm、63.5 mm、76.2 mm、101.6 mm 的试验样弹。口径为 50.8 mm 的火箭弹射程为 1 600 m，口径为 101.6 mm 的火箭弹射程为 2 700（3 000）m。1825 年，这些火箭弹在高加索地区首次参与战争考验。在俄土战争（1828—1829 年）中该种火箭弹被装在了河船上①。

随后，扎夏德科中尉用带火箭定向管的 6 联装炮架进行了试验。火箭弹沿弹道分布，并密集地落在地面上。该火箭弹射程为 2 888 俄仗（6 122.56 m，1 俄仗 = 2.12 m）②。

1823—1825 年，俄国研制了 8 联装炮架并进行了第 4 轮试验，在 1826—1827 年改进并使用了 6 管炮架③，而且 6 联装炮架首先投入生产④。

在俄土战争期间，俄国利用这些炮架打击敌人⑤。

19 世纪 20 年代，俄国已经设计出了几种多管发射架。1820 年，杰米德制造了可以齐射 5 发火箭弹的框式结构。

康斯坦丁·伊万诺维奇·康斯坦丁诺夫（1817 年或 1819—1871 年）是扎西德科的学生和继承人，他在火箭弹和炮架的设计和推行方面扮演了

---

① Соч. Данилова. Довольное и ясное показание, по которому всякой сам собою может приготовлять и делать всякие фейерверки и разные иллюминации. М.：Университетская Типография, 1822. С. 32.

② Никитин Ю. А. Шпага Александра Засядко：Повесть. К.：Молодь, 1979. С. 128, 130 - 132.

③ Сайт ВИМАИВиВС（г. Санкт - Петербург）. http：//artillery - museum. ru/ru/schema - 8. htmlO зажигательных ракетах（Конгревских）// Военный журнал по Высочайшему Его Императорского Величества соизволению издаваемый Военно - ученым коми - тетом. №. III. С 2 - мя чертежами. Санкт - Петербург. Печатано в Военной типог - рафии Главного Штаба Ero Императорского Величества, 1828. С. 135, 136. Кон - структорское бюро "Арсенал" 1949 - 2009. Под редакцией Седых В. Л. СПб.：Комильфо, 2009. С. 7.

④ Сайт ВИМАИВиВС（г. Санкт - Петербург）. http：//artillery - museum. ru/ru/schema - 8. html http：//rgantd. ru/vzal/60let/60let_katusha. php.

⑤ Мельников П. Е. Старты с берега. М.：ДОСААФ, 1985. 96 с., ил.（Молодежи о вооруженных силах）. С. 22.

重要角色。他开发了一些当时很现代化的机械和炮架,并改进了火箭弹的生产工艺。他研发了新设备,并借助这些设备研究了火箭发动机燃烧室的发生过程和一些外部弹道学问题。

1847—1850 年,康斯坦丁诺夫发明了弹道摆,该装置可以测量和研究火箭弹的驱动力以及该力对火药颗粒燃烧的动力学作用。

1852—1854 年,康斯坦丁诺夫研制了新型火箭弹,其口径分别为 50.8 mm、63.5 mm 和 101.6 mm,这些口径的新型火箭弹都被俄国军队采用。康斯坦丁诺夫首次成功地确定了火箭弹的尺寸、形状、质量和火药装药的最佳组合。这类杀伤弹或燃烧弹的射程可达到 4 000 m 以上。

另一种由克莱格尔斯中尉设计的炮架可以一次齐射 10 发火箭弹。该炮架在平行的木板间有两根边条,木板上侧有可以插入火箭弹的缺口。木板与两根边条的两端对齐,可以使平放在顶上的 10 发火箭弹达到 10°射角。以这样的方式设计所有缺口,可以使火箭弹快速对准敌方位置。该炮架重 98.28 kg,可用绳筐方便携行,需要 2~7 人操作①。

康斯坦丁诺夫称这种炮架的设计存在局限性,因为其火力精度低,不能满足时代要求②。

除了这种炮架,俄军还拥有其他简易结构发射装置。在孙扎的火箭部队里有 2 个三脚架形式的炮架。该炮架用铁条代替铁管,端头以半圆形折弯。该铁条可借助另一铁条赋予不同射角,可通过三脚架腿连接到铁条上。所有哥萨克人都认为这类炮架是最好的③。

19 世纪中期,高加索地区使用了一种火箭弹④。该火箭弹可以通过不

---

① Рукопись российским книтам для чтения из Библиотеки Александра Смирди – на Систематическим порядком расположенная. В четырех частях, с приложени – ем: Азбучной Росписи имени Сочинителей и переводчиков, и Краткой Росписи книгам по азбучному порядку. Санкт – Петербург: Типография Александра Смир – дина, 1828. С. XXII (начало книги. Азбучная роспись). С. 333.

② Архив ВИМАИВиВС. Журнал Артиллерийскаго Отделения Военно – Ученаго Комитета от 4 Июня 1849 года № 111. О станке для спуска ракет Поручика Клейгельса. Ф. 4 (ВУК, арт. отд. Год 1847 – 1849). Оп. 40. Д. 105. ЛЛ. 8 – 11.

③ О стеллажах, фейерверочных корпусах и нечто о расположении увеселитель – ных огней. Санкт – Петербург: В типографии I. Іоаннесова 1820 года. – С. 41, 42, 43. Вклейка Т: IX. ф: 46, ф: 47, ф: 48.

④ Константинов К. И. Боевые ракеты. Добавление к курсу Г. Л. Весселя. 186?. С. 5.

同射角（可以放置在圆木、石头上，通常利用褶皱地形）来指向敌方①。在1853—1856年的克里米亚战争中，在围攻西里斯特里亚时，俄军也利用了该方法。俄陆军总指挥哥恰可夫在1854年5月23日第1671号报告中向战争部长报告了1854年5月17日和22日成功使用火箭弹的情况："火箭兵指挥官在这次战斗中成功地使用了齐射火力——直接从战壕护栏的顶峰齐射了4发和8发火箭弹，打散了土耳其的骑兵，并诱导敌人朝着相反方向逃跑。"②

1876年，尼古拉一世时期火箭弹工厂生产了由扎瓦多夫斯基上校设计的口径为76.2 mm的照明火箭弹。该火箭弹由涅恰耶夫在1864年设计的炮架发射。火箭弹的射程达到900 m，燃烧时间为12～14 s，照明面积的直径为500 m③。

1912年4月，瓦洛夫斯基设计师提出了为火箭弹设计两种"发射装置"的建议：机载发射和车载发射。

所有研制都为进一步完善火箭武器奠定了坚实的基础。

1917年十月革命后，火箭武器的改进工作还在继续，更多的关注点转移到了火药装药和发射技术开发上。

苏联著名的科学家尼古拉·伊万诺维奇·季霍米罗夫和他的战友弗拉基米尔·安德烈耶维奇·阿尔特米耶夫首次制造了无烟导弹和火箭弹。1926年3月3日，该种76 mm的火箭弹飞行了1 300 m。这是首次成功发射的固体燃料无烟火药火箭弹④。

到了20世纪30年代，无控航空火箭弹PC-82和PC-132用于航空装置的发射。当时，苏联还提出了一种用于发射10发弹的国产发射器。

---

① Архив ВИМАИВиВС. Ф. 4. Оп. 40. Д. 131. Л. 168, 178. Копия журнала "О действии пеших ракетных команд в Чеченском отряде".
② Науменко М. И. Материалы диссертации на соискание ученой степени канди‐дата "Военные ракеты в России" // Академия Арт. Наук. М., 1953. Архив ВИ‐МАИВиВС. НС. Раздел 1. Д. 152. Л. 147‐149.
③ Метательные ракеты / Лекции 1‐го юнкерского класса Михайловского 185?. С. 24.
④ Н. Ф. Рождественский. Артиллерийское вооружение. Учебно‐методическое по‐собие. Часть II. Орудия советской артиллерии, минометы, реактивное оружие. М.: Министерство обороны СССР, 1986. С. 295.

1938 年 10 月，科斯季科夫、巴甫连科、波波夫等人一起研制了自行发射装置，用于发射以 PC-132 为研制基础的、口径为 132 mm 的无控火箭弹。发射装置（火炮部分）安装在载重汽车 ЗИС-5 的加固底盘上，并由固定在装置横截面专用框上的 24 个槽型单板定向器组成。

1939 年，第三科学研究所的科研人员研发了两种改进的以载重底盘 ЗИС-6 为载体的试验装置，用于发射 24 发和 16 发口径为 132 mm 的无控火箭弹。

在使用 82 mm 火箭弹的过程中，人们发现该弹的作用半径和火力精度不能完全满足任务需求。同时，火箭弹的速度低，提高了瞄准的难度。因此，在卫国战争前，火箭弹并没有得到广泛应用。1938 年 7 月，苏联宣布了一条关于研制火力齐射发射装置的比赛。1938 年 10 月，在 И. И. Гвая 的带领下，莫斯科火箭科学研究所（气体动力试验室的继承单位）的设计师团队研制出首个名为"24 联装自行发射装置"的火力齐射装置。

该装置安装在 3 t 的 ЗИС-5 汽车底盘上。该装置定向管长度为 1.5 m，位于汽车的横轴上。该装置从定向管前面部分（炮口）进行装填，齐射 24 发弹耗时 10~12 s[①]。

在 1939 年年初对该装置进行改进的过程中，设计师研制了一个名为"机械化装置的第一轮样机"（Му-1）的新样机（图 1.3）。

Му-1 被安装在重 4 t 且提高了通过性的汽车底盘 ЗИС-6 上。Му-1 同样拥有与汽车纵轴成横向布置的 24 个定向管，并从炮口装填。Му-1 的射角范围为 15°~45°。为了瞄准目标，Му-1 使用了 122 mm 榴弹炮的瞄准装置。

由于火箭弹散布范围大，所以在遵守保密规定的情况下需要修正发射装置。

1939 年 4 月，莫斯科火箭科学研究所的技术委员会考虑从两个方向完善发射装置。其一是对 24 装发射装置进行修正改进（设计师为波波夫），其二是完善新型 16 装发射装置（设计师为加尔科夫斯基）。通过比较，后者的设计优于前者。

[①] Н. Ф. Рождественский. Артиллерийское вооружение. Часть II. Орудия Совет-ской артиллерии. Минометы. Реактивное оружие. М.: МО СССР, 1986. С. 304.

火炮武器：多管火箭炮系统 БМ-21

图 1.3　Му-1[①]

经过完善的发射装置被安装在 ЗИС-6 底盘上，拥有 16 个沿汽车纵轴布置的定向管，名为"机械化装置第二轮样机"（Му-2）。为了提高密集度，定向管成对连接且延至 5 m 长。火箭弹可以从驾驶室发射，也可以利用操纵台以齐射或单发形式发射。火炮从炮尾装填。

1939 年 6 月 7 日，苏联国防部人民委员伏罗希洛夫见证了成功发射演示。人民委员认可了该装置的高效性[②]。根据射击试验的结果，苏联决定研发新型火箭弹。

随后，苏联研制代号为 М-13 的火箭弹，增大了火箭弹的威力及射程（战斗部质量增至 5 kg，射程增至 8 470 m）。

使用新弹的发射装置被命名为"БМ-13"，其中，数字 13 表示弹径为 132 mm。

1940 年 11 月，莫斯科火箭科学研究所的试验车间生产了 6 门 БМ-13 装置。战争期间，在捷尔任斯基军事炮兵学院指挥员伊万·安德烈耶维奇·弗廖罗夫的指挥下，苏联组成了第一个红军火箭炮兵连。

1941 年 2 月，莫斯科火箭科学研究所根据最终定型的技术文件，大规模生产了 БМ-13、М-13、М-8[③]。

6 月 21 日，在卫国战争开始前的几个小时内，苏联共产党中央委员会政治局和苏联人民委员会决定将 БМ-13、М-13 和 М-8 进行批量生产，

---

① http://scalemaster.hobbyfm.ru/viewtopic.php?f=16&t=373&start=140；http://toparmy.ru/armii-istorii/krasnaya-armiya/vooruzhenie-armii/БМ-13-katyusha-reaktivnaya-ustanovka-zalpovogo-ognya-foto.html. http://oruzhie.info/artilleriya/111-БМ-21-grad.

② Цыганков И. С., Сосулин Е. А. Орудие, миномет, боевая машина. М., 1980. С. 192.

③ Н. Ф. Рождественский. Артиллерийское вооружение. Часть II. Орудия Совет-ской артиллерии. Минометы. Реактивное оружие. М.：МО СССР. 1986, С. 307.

从而形成火箭部队。

因此，苏联工程师在研制火箭炮武器的过程中，除了发射武器，还研制了计划用于机侧和杀伤集群目标的火箭弹药。

1936年，德军采用了六管迫击炮武器"d"。随后，德国研制了用于发射口径为210 mm、280 mm和320 mm的涡轮喷气式迫击火箭弹（弹丸）的牵引式、自行式和便携式装置。除此之外，德国专家还仿制了一些苏联样机。卫国战争时期德国的火箭炮装置如图1.4所示。

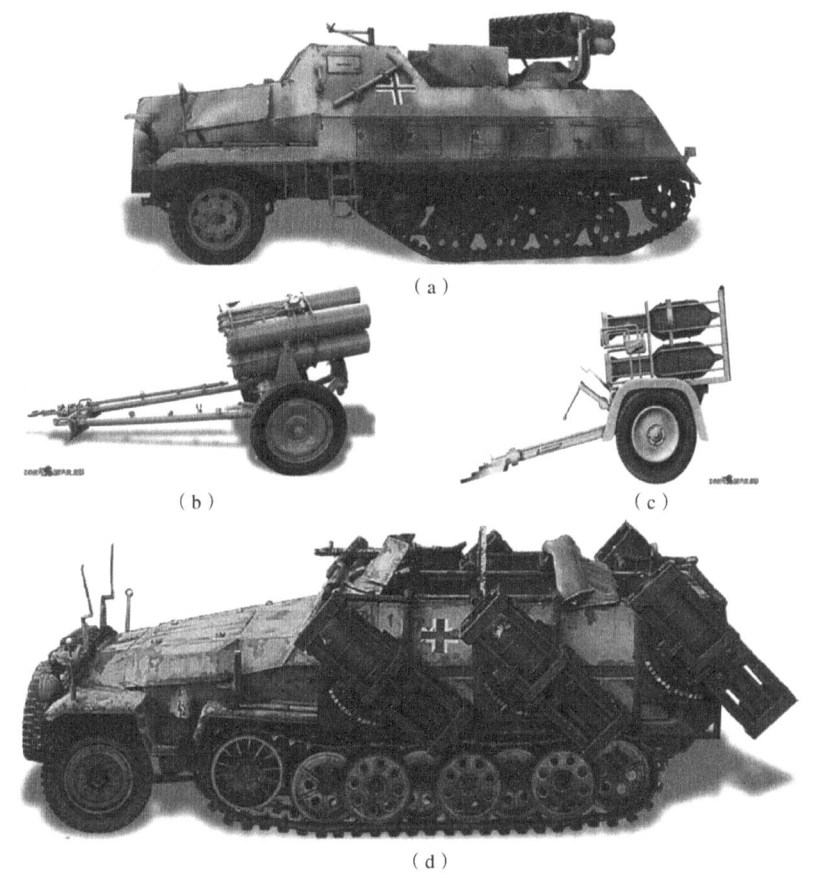

图1.4 卫国战争时期德国的火箭炮装置

（a）Panzerwerfer 42；（b）迫击炮 Nebelwerfer 42；（c）装甲运输车 Sd. Kfz. D 251.1 Auf.；
（d）使用280 mm爆破弹、320 mm燃烧弹、300 mm爆破弹的"Wurfkerper 42"[1]

---

[1] http://zonwar.ru/artileru/reakt_art_2mw_2.html. http://dritrereich.info/modules.php?name=Forums&fle=viewtopic&t=658.

改进苏联火箭炮武器样机的工作一直持续到卫国战争结束。该工作发展的主要方向是：通过增大火箭弹口径、增加定向管数量来提升齐射威力，利用不同类型的自行式底盘提高机动性。

火箭炮 БМ-13 展示了新型强大武器在武装力量中的意义和地位，并获得了受人尊敬的称呼——"近卫迫击炮"。配备该武器的军事部队被誉为近卫迫击炮部队。苏联为近卫军增加了一系列福利措施：增加军费及食物津贴、提供更好的军装以及其他补助。

苏联还开展了 82 mm 火箭弹（PC-82）的发射装置研发工作。1941 年 10 月 13 日，基于 T-40（T-60）坦克底盘，苏联完成了 24 发 82 mm 口径无控火箭弹 M-8（最大射程为 5 515 m）的发射装置 M-8-24 的研制工作。该装置最大射程为 5 515 m，一经完成即被苏联红军采用。

在战争期间，根据租借法，口径为 132 mm 火箭弹发射装置的底盘可使用的载重汽车底盘品牌及型号包括"道奇""雪佛兰""斯蒂庞克""福特-加拿大""福特-Mar-mon"，以及苏联载重汽车底盘 ГАЗ-AA。

除此之外，针对口径为 132 mm 和 82 mm 的火箭弹，苏联还进行了摩托化发射装置的研制，安装在汽车底盘 ГАЗ-67、摩托雪橇、履带车辆、装甲列车、轨道车、宇宙飞船、便携式炮架上，许多项目已经完成。

1942 年 5 月，口径为 300 mm、射程为 2 800 m 的无控火箭弹 M-30 研制成功。M-30 在采用高爆弹头的情况下，射程达到 4 325 m，完全满足大口径装置的要求。

同时，苏联启动了名为"ящик-30"、用于发射无控火箭弹的专用炮架的研制。火箭弹 M-30 直接从工厂运送到部队的炮架（ящик）上进行发射。1942 年 7 月 17 日，这种炮架在战争中投入使用。随后在诺夫哥罗德州纳柳奇村附近，144 台 ящик-30 炮架一同进行齐射任务。

1944 年 10 月，射程达 11 km 的新型火箭弹在近卫迫击炮部队服役。该型无控火箭弹具有双燃烧室火箭发动机 M-13ДД-1。此时，苏军开始掌握新的工艺，并在前线的新型武器上进行梯队学习。

1944 年 3 月研制的以汽车底盘"Studebaker"为基础的火箭炮，可发射 12 发口径为 300 mm 的 M-31 火箭弹，射程为 4 325 m。该火箭炮被命名为 БМ-

31 – 12（图 1.5）。该火箭炮配有全新焊接式蜂窝状定向管，且首次使用联锁装置和无控火箭弹固定器，应用新型电气设备及火箭弹，为火箭炮的进一步发展指明了方向。

图 1.5　苏联的火箭炮装置

[卫国战争时期：БМ – 13，基于底盘 СТЗ – 5 的 БМ – 13Н、БМ – 31 – 12；发射口径为 300 mm 的火箭弹 М – 31（阿列克谢·利索琴科供图）]

卫国战争结束后，研制新型火箭炮装置的工作还在继续。下面，按时间次序介绍研制工作的发展。

起初的研制工作是将火箭炮现有的火炮部分安装在新型底盘样机上，并对火箭弹进行改进。发射装置和火箭弹采用同步研发的方式。

虽然美国产车辆已经取代苏联产越野车 ЗИС – 151、ЗИЛ – 157、ЗИЛ – 151、ЗИС – 151，但是美国要求归还租借法提供的技术。因此，苏联有必要摆脱对盟友的依赖。

带 132 mm 火箭弹的火箭炮 БМ – 13 如图 1.6 所示。

图 1.6　带 132 mm 火箭弹的火箭炮 БМ–13[①]

基于国产底盘研制的火箭炮有 БМ–13Н、БМ–13НМ、БМ–13НММ、БМ–31–12，用于发射口径为 132 mm 的火箭弹 М–13、М–13УК、М–13УК–1 和口径为 300 mm 的火箭弹 М–31 和 М–31УК。口径为 132 mm 的火箭弹的最大射程为 4 000~7 900 m，口径为 300 mm 的火箭弹的最大射程为 4 325 m。

为了发射口径为 140 mm、射程为 9 810 m 的涡轮喷气式火箭弹 М–14–Оф 和 М–14Д，苏联研制了火箭炮 БМ–14、БМ–14М、БМ–14ММ、БМ–14–17、БМ–14–17М 和反坦克炮架上的牵引火箭炮 РПУ–14。除此之外，苏联还研制了大口径火箭炮并投入使用，即 БМ–24，它发射 240.6 mm 火箭弹 М–24ф，射程为 6 575 m；而火箭炮 БМ–24Т 发射同口径的火箭弹 М–24фУД，射程为 10 600 m。

1952 年，БМД–20 火箭炮开始服役（图 1.7），用于发射口径为 201 mm 的火箭弹 МД–20–ф。该火箭弹的最大射程为 18 750 m，就其结构和技术性能而言在很大程度上接近现代火箭炮样机。

图 1.7　БМД–20 火箭炮（阿列克谢·利索琴科供图）

[①] Выходила на берег Катюша. http：//slavyanskaya – kultura. ru/vtoraja – mirovaja – voina/vyhodila – na – bereg – katyusha – kanonada. html；https：//zen. yandex. ru/media/proshloe/beseda – s – sozdatelem – katiushi – 5b53b85e7166ec00a92ee39b；http：//zonwar. ru/artileru/reakt_art_2mw_2. html.

第 1 章　火箭炮的发展历史和作战使用

1963 年，发射 122 mm 火箭弹的"冰雹"多管火箭炮被苏联军队采用，它是由加尼切夫带领的设计团队研发的（图 1.8）。

图 1.8　基于 Урал – 375Д 底盘的 БМ – 21 "冰雹"多管火箭炮①

"冰雹"火箭炮系统包括基于 Урал – 375 底盘的火箭炮 БМ – 21 和 122 mm 无控火箭弹 М – 21 – Оф 杀伤爆破弹，采用更为现代化底盘。М – 21 – Оф 杀伤爆破弹的射程可达到 20 380 m。为了完成火箭弹的运输、储存和装填任务，还配备了专门的运输车。该运输车配备 9ф37 弹架系统，包含两个分别可装 20 发火箭弹的弹架。20 世纪 60 年代后期，火箭发射装置开始采用新名称——多管火箭炮。它由火箭炮、侦察指挥装置、弹药（火箭弹）和运输车（运弹车）组成。

随后，针对"冰雹"火箭炮系统，苏联研发出多种用途的火箭弹：爆破弹、燃烧弹、化学弹、发烟弹等。它们的射程增加至 40 km，射击精度接近身管火炮的精度。

坦克编队的"冰雹"火箭炮系统是基于履带式运输底盘 МТЛ – Б 研发的。

1965 年，苏联为越南研制的"游击队"（"冰雹" – П）便携式火箭发射器可发射无控火箭弹 9М22М"小孩"，其射程可达 10.8 km。

1967 年，根据空降部队的需求，苏联研发并生产了 М – 21 В（"冰雹" – В）空中机动火箭炮（图 1.9）。该火箭炮系统采用 ГАЗ – 66 底盘，与其配备的 9ф37Б 运弹车底盘相同，所装备的无控火箭弹 М – 210ф 的射程达 20 km。为了简化结构，驾驶室没有加热器且顶部为防水布。

① https://yandex.ru/images/search?p=10&text=рисунки%20алексея%20лисоченко.

火炮武器：多管火箭炮系统 БМ-21

图 1.9　М-21В 空中机动火箭炮

1975 年，苏联军队采用射程为 35.8 km 的 9К57 "飓风"（Ураган）多管火箭炮（图 1.10）。该火箭炮系统包括 9П140 火箭炮、9Т432 运弹车（两车底盘均为 ЗИЛ-135ЛМ）、220 mm 无控火箭弹（16 管），配套专用设备 9ф381 以及教练器材，射程达 35.8 km。

图 1.10　9К57 "飓风" 多管火箭炮[1]

1976 年，苏联军队团编制采用了射程可达 15 km 的 "冰雹"-1 多管火箭炮（图 1.11）。它的组成包括基于底盘 ЗИЛ-131 的 9П138 火箭炮、122 mm 无控火箭弹 9М28ф 以及 9Т450 运弹车。

图 1.11　"冰雹"-1 多管火箭炮[2]

---

[1]　http://ritmon.scale43.com/news.php?id=909.
[2]　http://fermabobry.ru.

第 1 章　火箭炮的发展历史和作战使用

同时，一种专用多发齐射系统"匹诺曹"被研制成功［图 1.12 (a)］。该系统在核生化防护分队服役，并获得了"重型火力系统"的称呼。该系统的射程为 3.50 km，可发射 30 管口径为 220 mm 的无控火箭弹。

后来，24 管的"向阳地"武器系统［图 1.12 (b)］和射程为 400~6 000 m 的多种火箭弹研发成功。该系统是战场上摩托化步兵和坦克分队的直接支援武器，可用于歼灭敌人前线的有生力量和火力装备，其火炮部分安装在 T-72 坦克底盘上。

图 1.12　"匹诺曹"和"向阳地"重型火力武器①

(a) "匹诺曹"；(b) 向阳地

1986 年，БМ-21-1 122 mm 9K51 "冰雹"多管火箭炮应运而生（图 1.13）。其火炮部分安装在改型底盘 Урал-4320 及其他改型型号 (Урал-4320-02、Урал-4320-10) 上。为了避免太阳光线的影响，定向器上覆盖热护板，火箭炮技术性能变化不大。

图 1.13　БМ-21-1 "冰雹"多管火箭炮②

---

① https://yandex.ru/images/search? p = 11&text = Тяжелые огнеметные установки《Буратино》%20и%20《Солнцепек》.

② https://artfle.me/download/БМ-21 gradna-shassi-ural4320-tehnika-voen-172854/1024x768.

1987年，300 mm 9K58"旋风"（Смерч）多管火箭炮在苏联部队服役（图1.14）。该火箭炮系统包括9A52-2火箭炮、9T234-2运弹车、带有不同类型战斗部的修正火箭弹、侦察指挥设备以及配套设备。"旋风"是世界上首个使用修正火箭弹（具有角度稳定和距离修正功能）的多管火箭炮。该火箭炮系统的射程为70~120 km。

图1.14　300 mm 9K58"旋风"多管火箭炮（Рис. Алексея Лисоченко）

自2016年年底，"龙卷风"（Торнадо）多管火箭炮逐渐替代"旋风"和"冰雹"多管火箭炮。"龙卷风"多管火箭炮配备了GLONASS全球卫星导航系统（简称GLONASS）和新型计算机火控系统，但整体结构与"旋风"和"冰雹"多管火箭炮类似。"龙卷风"-C多管火箭炮的制导弹药同样使用GLONASS。通过专用火箭，"旋风"多管火箭炮可向目标区域发射无人机。借助无人机，"旋风"多管火箭炮能够在20~30 min内完成侦察和修正火力任务。

1989年，9K59"一度音"（Прима）多管火箭炮研制成功并开始服役（图1.15）。该火箭炮配备有向前端面扩大导向槽的定向管、可分离战斗部和遥控触发引信的无控火箭弹，可进行战斗部分离和起爆。

用来替代9K51"冰雹"多管火箭炮的9K59"一度音"多管火箭炮是师属火箭炮。该火箭炮系统使用基型弹时打击距离为20.5 km，使用新型弹时打击距离为40 km。

9K59"一度音"火箭炮系统的组成如下。

（1）9A51火箭炮。

（2）9T232M运弹车。

（3）1B126"Капустник-Б"自动化射击指挥系统。

图 1.15　发射阵地上的 9K59 "一度音" 多管火箭炮①

（4）1T12 – 2M 测地车。

（5）1Б44 无线电定向系统。

（6）训练器材。

（7）无控火箭弹。

可见，火箭炮在其发展过程中经过了从信号弹发展到高精度多管齐射系统的历程，包括侦察系统、射击指挥系统、导航系统，以及现代化的火箭炮和弹药。

在卫国战争中，火箭炮得到了积极的发展和改进。在战争初期，苏联红军装备了 7 发火箭弹和 7 门新的发射装置。到战争结束时，火箭炮编配有 7 个师、11 个独立旅、114 个独立团和 38 个独立火箭营。这些编队和单位持有的火箭炮总数达 3 081 门②。其中，近卫迫击炮师共有 3 840 发火箭弹，总重 230 t③。

战争后期，火箭炮开始向 3 个方向发展：为多管火箭炮研制全新的、更大威力的弹药；开发新的发射装置；建立并完善以新器件为基础的火控系统。

1.2　火箭炮的发展远景

从伟大的卫国战争中的"近卫迫击炮"到拥有高精度弹药和自动控制系统的火箭炮，多管火箭炮正在不断改进。随着时间的推移，火箭炮打击

---

① 军事百科全书. http://zonwar.ru/artileru/reakt_sistem.html/Prima.html.

② Н. Ф. Рождественский. Артиллерийское вооружение. Учебно – методическое по – собие. Часть II. Орудия советской артиллерии, минометы, реактивное оружие. М.：Министерство обороны СССР, 1986. C. 345.

③ Журнал Техника и Вооружение. № 11. 1983. C. 3.

敌人的射击效能不断增强，其底盘和相关系统也在不断改进。战后，大部分多管火箭炮都形成了类似的结构。

它们集成安装在全驱动的轮式 6×6 或 8×8 越野车上，但也有安装在履带式坦克底盘或装甲运输车上的。

定向器是多管火箭炮的火炮部分。口径、任务和系统问题决定了定向管的数量。瞄准可通过电动高低机、方向机和瞄准装置实现。由 2～4 人组成的炮班乘员组通常位于火箭炮的驾驶室内。驾驶室配有通信设备、导航设备和火控设备。在最新改进型火箭炮中，乘员在驾驶室内进行目标瞄准。密封的火箭炮模块化驾驶舱（分离舱）可以抵御敌人核武器（化学武器）的进攻。同时，火箭炮配备的装甲可以保护乘员免受弹片和子弹的伤害。

所有火箭弹都配备固体燃料发动机。它们在短暂的弹道主动段工作。弹头部有定时引信或触发引信。引信上方集成整体战斗部或子母战斗部。子母战斗部不仅可以远距离局部布设反坦克和反步兵地雷，也可以通过破甲战斗单元打击装甲目标。因此，子母战斗部的爆炸会聚集在敌人的装甲设备上。由反射激光或无线电控制的破甲战斗单元能够从防护较薄弱的上方打击装甲目标。

多管火箭炮的发展方向如下。

（1）增大射程和提高射击准确度。

（2）提高火力密度。

（3）扩大作战任务数量。

（4）增加机动性和提高备战状态。

增大射程可通过使用更轻的战斗部、制造口径更大的火箭弹、使用新型高能火箭燃料来实现。在近 30 年内，多管火箭炮的射程增大了 2 倍左右。现在，火箭炮在打击前线敌人的同时，还可以歼灭敌人机械化纵队、旅或后备营。

"旋风"多管火箭炮的战斗性能与战术导弹系统接近，其射程为 100 km。同时，与战术导弹系统相比，这种武器不仅成本低，火力密度还高很多。

火箭弹战斗部配备的修正系统用于提高射击精度，而子母弹的自动搜索和自动瞄准元件可用于打击单个装甲目标。同时，引入和使用自动化射击指挥系统，明显缩短了开火的准备时间，并缩短了战斗控制周期，从而提高了射击效能。

从探测到决定打击目标的过程中，综合计算机会在收到目标坐标后自动选择多管火箭炮数量，力求对目标进行最有效的打击。在发射前，需要计算打击所需的必要装置，确定最合适的引信装置，最后通过信息代码通道直接将以上信息传递到发射装置上。

在上述情况下，有些系统不需要炮班参与就可传递执行口令到发射装置并同时瞄准目标。

借助自动输入装置修正瞄准角和方向角，可补偿定向器在水平面和垂直面上的倾斜，缩短火箭炮从行军状态到战斗状态的转换时间。以前，为了进行修正工作，需要将用千斤顶把火箭炮顶起后再调平火炮部分。现代多管火箭炮在行驶系统上安装了可关闭缓冲装置的固定器。

俄罗斯和北大西洋公约组织（简称北约组织）通过在火箭弹上安装机载惯性系统和卫星修正系统，大大提高了火箭炮的打击精度。不同于最初的面打击，现代火箭炮能对具体目标进行打击。依托子母弹战斗部的自动瞄准和自动导航元件，火箭炮可以有选择地打击单个装甲目标，再加上明显提升的射程优势，多管火箭炮变成了一种多用途的通用战术导弹武器。

另外，制造带预制破片的整体式战斗部并将它们合理地用在子母弹射击效果不明显的山区和城市作战中。

同时，现代化的射击指挥手段明显提高了火箭炮的作战效能。据专家评估，在不使用自动化指挥系统的情况下，即使使用最先进的火控系统，多管火箭炮炮兵旅对敌人造成的伤害也不超过15%[①]。

迄今为止，9С729М1 "Слепок - 1" 和 1В126 "Капустник - Б" 火箭炮自动化指挥系统已开发并在俄罗斯联邦武装部队服役。该火箭炮配备了最先进的侦查系统（"动物园"雷达系统、"海豹"雷达系统、АЗК - 7

---

① https://news.rambler.ru/army/38453616 - kak - sovershenstvuyutsya - reaktivnye - sistemy - zalpovogo - ognya/.

等），可有效使用无人机。

通过对多管火箭炮的战术环节进行火力和设备的全过程自动化控制，多管火箭炮的作战效能得到显著提高。最初侦察系统、指挥系统和打击系统是作为火箭炮战术环节自动化指挥系统的单一组成研发的——用于侦察打击和侦察指挥（回路）。这两个系统可以在规定时间内执行指挥和对敌火力打击任务。

数据表明，在战术层面使用单一自动化指挥系统，对敌人造成的损伤增大 2.2~2.5 倍，炮兵分队的自身损失减少 15%~30%，火力打击任务的成功率提高 2~2.5 倍，打击敌人耗费的弹药数量减少 10%~15%，射击指挥周期平均持续时间缩短 1/4~1/5[①]。

在自动化指挥系统的创立范围内，俄罗斯联邦武装部队领先国外同类部队。对火箭军和炮兵的指挥子系统进行改型开发并投入使用，整套自动化指挥系统在战术导弹及远程多管火箭炮分队和部队使用（"旋风""飓风"）。

2017 年，口径分别为 220 mm 和 300 mm 的 "飓风" 和 "飓风" －1M 两型武器开始投入使用。与以前的版本相比，"飓风" －1M 的装填工作是整体更换定向器。

国外市场对 "旋风" 和 "飓风" 多管火箭炮有极大的兴趣。目前，这两款火箭炮已出口至 10 个国家[②]。

俄罗斯联邦武装部队正在积极地为底盘为 БАЗ－6950 的 "龙卷风" 新型多管火箭炮系统做换装工作。

目前，"龙卷风" 有两个改进型："冰雹" 的改进型——"龙卷风" －Г，"旋风" 的改进型——"龙卷风（Торнадо）" －С。

这些火箭炮系统具有自动化指挥系统，并被集成在卫星定位系统（ГЛОНАСС）中，还改善了电子设备和机载设备，可以发射专用火箭弹来增大射程，还可以在同一指挥中心的指挥下协同作战。"龙卷风" —Г 多

---

① https://news.rambler.ru/army/38453616 - kak - sovershenstvuyutsya - reaktivnye - sistemy - zalpovogo - ognya/.

② Проверенные боем. Арсенал Отечества. № 2（28）. 2017. C. 12.

管火箭炮于 2012 年服役,"龙卷风"—C 于 2016 年服役。它们被编入俄罗斯军队同一侦察打击回路中。

研制新型火箭弹供"龙卷风"两种改进型的多管火箭炮使用,其中包括发射后能够进行侦察的战斗部带无人机的 300 mm 口径火箭弹[①]。

<h2 style="text-align:center">复 习 题</h2>

1. 发射火箭弹的第一个装置是什么样的?它的总体结构是怎样的?
2. 俄罗斯首发照明弹何时出现?它的结构是怎样的?
3. 俄罗斯的火箭弹发明人是谁?发明时间是什么?
4. 说出卫国战争时期的火箭弹发射装置名称,及 БМ – 13Н 的战术技术性能。
5. 说出"飓风"和"旋风"多管火箭炮的战术技术性能。
6. 说出"匹诺曹"和"向阳地"武器系统的战术技术性能。
7. 说出 9К59 "一度音"多管火箭炮的结构特点。
8. 多管火箭炮的发展方向是什么?

---

① https://news. rambler. ru/army/38453616/? utm＿content＝rnews&utm＿medium＝read＿more&utm＿source＝copylink https://news. rambler. ru/army/38453616 – kak – sovershenstvuyutsya – reak-tivnye – sistemy – zalpovogo – ognya/

第 2 章

БМ－21 火箭炮和弹药概况

2.1　БМ－21 火箭炮的用途、结构组成及战术技术性能

БМ－21 火箭炮的用途如下。

（1）用于摧毁和压制集结的敌方有生力量和军事装备、核武器、火炮和迫击炮连。

（2）破坏防御工事、要塞和支撑点。

（3）远距离布雷。

（4）实施无线电干扰。

（5）进行战场照明。

（6）施放烟幕以隐蔽目标，致盲敌人。

（7）进行纵火及其他作战任务。

火箭炮营通常编配于摩步（坦克）师（旅）炮兵团，或作为摩步（坦克）旅炮兵的独立作战分队。

火箭炮营辖 3 个火箭炮连，每连配属 6 门 БМ－21 火箭炮。

БМ－21 火箭炮炮班组成如下。

（1）炮长。

（2）瞄准手。

（3）弹药手。

（4）装配手。

（5）装填手。

（6）驾驶员。

"一度音"、"龙卷风"-Γ火箭炮炮班由3人组成：炮长、瞄准手、驾驶员（同时也是装填手）。

БМ-21火箭炮的主要战术技术性能见表2.1。

表2.1　БМ-21火箭炮[①]的主要战术技术性能

底盘	乌拉尔（Урал）375Д，乌拉尔（Урал）4320，MT-LB（МТ-ЛБ），卡玛兹 AZ（КамАЗ）
全炮重/kg – 不计弹药和乘员 – 战斗状态	10 870 13 700
行军状态长/mm	7 350
宽/mm – 行军状态 – 战斗状态	2 400 3 010
高/mm – 行军状态 – 最大射角时 – 起落部分处于0°时	3 090 4 350 2 680
离地间隙/mm	400
口径/mm	122.4
身管长/mm	3 000
定向管数量	40
定向器高低射界/(°) – 最小 – 最大	0 55

---

① Боевая машина БМ-21（РСЗО 9К51《Град》）Техническое описание и инструкция по эксплуатации. М.：Воениздат. 1971. С. 7；Киселев В. В., Кириченко А. А., Калиш С. В., Таранов С. В., Горин В. А. Реактивные системы залпового огня.（Боевая машина БМ-21《Град》). ФГБОУ ВГАУ Военная кафедра. Волгоград. 2015. С. 3.

续表

底盘	乌拉尔（Урал）375Д，乌拉尔（Урал）4320，MT-LB（МТ-ЛБ），卡玛兹AZ（КамАЗ）
方向射界/(°)	
— 从底盘轴线向右	70
— 从底盘轴线向左	102
驾驶室上方最小射角/(°)	11
驾驶室避让角度/(°)	±34
齐射时间/s	20
M21杀伤爆破弹重/kg	66
带包装时弹重/kg	99
射程/m	
— M21杀伤爆破弹	20 380
— 最小	5 000
— 最大，9M522火箭弹	40 000
储备行程/km	750
带弹行驶速度/(km·h^{-1})	75
最大涉水深度/m	1.5

2.2　БМ-21火箭炮的基本结构

БМ-21火箭炮为自行式，主要由两部分组成。

（1）火炮部分；

（2）底盘（乌拉尔375Д或乌拉尔4320底盘）。

其中，火炮部分的组成如下：40管定向器、摇架、高低机、平衡机、方向机、回转盘、固定器、副车架、电传动装置、气动装置、瞄准装置、辅助电气设备和无线电设备。

（1）定向管用于赋予火箭弹飞行方向和旋转运动，同时可以运输弹药。40管（分4排，每排10个）定向器用连接带、键和楔块固定在摇架上。

（2）摇架用来安装定向器，通过两个半轴连接到回转盘上，可实现高低俯仰。

（3）平衡机安装在摇架上，用于部分平衡火箭炮起落部分的重力矩，由两组同样的板簧（板簧组，工作时产生扭力）组成。板簧的一端装入摇架，另一端通过连杆系统连接到回转盘上。

（4）回转盘（焊接结构）用于安装火箭炮的主要部件：电传动传动装置、瞄准机、行军固定器和部分气动装置。在回转盘底部有一个圆环与座圈连接。

安装在回转盘上的所有零件和组件构成了火箭炮的回转部分。

（5）高低机布置在回转盘的中心，赋予火箭炮起落部分的高低射角。

（6）方向机布置在回转盘的左侧，赋予火箭炮回转部分的方向射角。

以电动方式调炮时，可通过高低（方向）机电磁离合器关闭手摇传动装置。

当操纵台的手轮回到空挡位置时，电磁离合器线圈断电，手摇传动装置自动开启。

（7）座圈是火箭炮回转部分的轴承支承。在座圈的固定环上加工有齿轮，可与方向机的主齿轮啮合。

座圈的活动环固定在回转盘的底部环上，固定环固定在框架组件上。

（8）副车架用于支撑火箭炮回转部分，其主要构成部分是横梁和框架，框架有3个支撑点：两个前支撑点位于底盘纵梁上，第三个支撑点位于横梁上。

备附具箱位于车架前部。

（9）固定器用于在行军中固定火箭炮，并在射击时固定板簧。固定器主要由高低固定器、方向固定器和板簧固定器组成。

高低固定器布置在回转盘前方，在行军状态下将火箭炮起落部分锁定在11°或0°射角。

方向固定器布置在回转盘的右侧。

两个相同的板簧固定器将火炮部分与底盘的后桥连接，并排除了射击时后桥弹簧振动的影响。

（10）瞄准装置用于定向器瞄准目标（水平面和垂直面），包括 Д－726－45 机械瞄准具，ПГ－1М 瞄准镜，К－1 三脚架标定器。

在单独的备附具中有机械象限仪和水准仪用来校准瞄准装置。

（11）气动装置的作用是为气动执行机构提供动力，其气源来自汽车底盘。

气动装置由双向接头、空气室和成套的软管组成。

（12）电传动装置旨在实现调炮（火箭炮高低及方向）。

电传动装置速度可调，可通过操纵台手轮调节瞄准速度。

方位瞄准速度可以在 0.1°～7°/s 范围内进行平稳的改变，高低瞄准速度最大可达到 5°/s。

电传动装置由一个自发电装置和高低/方向两个传动装置组成。两个传动装置原理相同。电路中的电动机放大器可平稳地调节电动机的转速。

（13）辅助电气设备用于发信号、瞄准具照明，由前后部件、照明灯和 УСЛуч－С71М 装置组成。

（14）无线电设备用于通信，由无线电台、安装在驾驶室的自发电功率放大器和天线组成。功率放大器可以增大无线电通信距离。

2.3　БМ－21 火箭炮的弹药

БМ－21 火箭弹的基本战术技术性能见表 2.2。

为了提升 БМ－21 火箭炮的作战效能，为其研制了以下类型非制导火箭弹。

（1）М－21 ОФ 杀伤爆破弹。

（2）9М22У 改进型杀伤爆破弹。

（3）9М22С 燃烧弹。

（4）可拆卸弹头的 9М28Ф 杀伤爆破弹。

（5）9М23 化学爆破弹（其基本飞行技术性能与 М22С 弹相似）。

（6）9М28Д 宣传弹。

（7）9М43 烟幕弹。

（8）9М42 照明弹（用于照明系统）。

第2章 БМ-21 火箭炮和弹药概况

表 2.2 БМ-21 火箭弹的基本战术技术性能[1]

序号	代码或命名	类型	长/mm	质量/kg	战斗部质量/kg	弹片数量/质量及其他	射程/m
1	М-21 ОФ 9М22У 9М22У-1 9М22У 9М22	杀伤爆破弹 МРВ-у 引信 МРВ 引信 МРВ-у 引信 МРВ-у 引信	2 870	66.60 66.60 66.78 66 65.72	18.4	—	20380ВТК 比 12000 МТК 射程小 12 000 ~ 15 900
2	9М28Ф	杀伤爆破弹	2 270	56.5	21	1 000 个弹片,每个重 5.5 g, 或 2 440 个弹片,每个重 3 g	15 000
3	9М28К	3 个反坦克地雷	3 019	57.7	22.8	5 kg×1 地雷	13 400
4	9М16	5 个防步兵地雷 ПОМ-2	3 019	56.4	21.6	布雷面积为 250 m²	13 400
5	9М519	无线电干扰弹	3 025	66	18.4	$P = 700$ m	18 500
6	9М43	烟幕弹	2 950	66	20.2 5×0.8 红磷	—	20 200
7	9М217	子母弹,含 БЭ 型 2 枚	3 037	70	25	穿甲厚度 60~70 mm	30 000

[1] https://militaryarms.ru/voennaya-texnika/artilleriya/rszo-grad/; https://soldat.pro/2018/07/06/rszo-bm-21-grad/; Киселев В. В., Кириченко А. А., Калиш С. В., Таранов С. В., Горин В. А. Реактивные системы залпового огня. (Боевая машина БМ-21《Град》). ФГБОУ ВГАУ Военная кафедра. Волгоград, 2015. С. 3.

027

火炮武器：多管火箭炮系统 БМ-21

续表

序号	代码或命名	类型	长/mm	质量/kg	战斗部质量/kg	弹片数量/质量及其他	射程/m
8	9M218	БЭ 型子弹 45 枚	3 037	70	25	穿甲厚度为 100～120 mm	30 000
9	9M521	杀伤爆破弹	2 840	66	21	1 000 个弹片，每个重 5.5 g，或 2 440 个弹片，每个重 3 g	40 000
10	9M522	带无线电引信的杀伤爆破弹	3 037	70	25	1 800 个弹片，每个重 0.78 g，或 690 个弹片，每个重 5.5 g，外壳产生 1 210 个弹片，每个重 7.5 g	37 500
11	9M22C	燃烧弹	2 970	66	180 燃烧柜 × 5.94 燃烧物质	$C = 6\ 400\ m^2$（80 cm × 80 cm）	19 890
12	9M28Д	宣传弹	2 280	52.3	一页 1.5	—	15 420
13	9M23 化学弹	带有无线电引信的化学弹	2 855	66.7	含 3.11 有毒物质	—	18 800
单管发射器								
14	9M42 用于便携式"照明"（Иллюминация）发射器	照明高度 H = 450～500 m	—	—	发光半径为 0.5 km	2Пух 90C	1 000～5 000
15	9M22M "孩童"（Малыш），用于"游击队员"（Партизан）发射器	杀伤爆破弹	2 500	46	18.3	—	10 800

（9）带有ПТМ-3反坦克地雷子弹的9M28K布雷弹。

（10）带有ПОМ-2防步兵地雷子弹的9M16布雷弹。

（11）模拟空中目标的靶弹（用于防空系统的训练和新型防空导弹系统的研发）。

（12）9M519-1-7（"百合花"-2）弹药系统（用于在短波和超短波频段实施无线电干扰）。

（13）其他类型的弹药。

复 习 题

1. 说出БМ-21火箭炮的弹药类型。
2. 说出М-21ОФ杀伤爆破弹的战术技术特点。
3. 说出9M521弹丸的战术技术特点。
4. 说出9M28Ф弹丸的战术技术特点。
5. 说出БМ-21火箭炮的结构和"冰雹"多管火箭炮的特点。
6. БМ-21火箭炮的战术技术特点有哪些？
7. БМ-21火箭炮由哪些部件、组件、装置组成？
8. 说出平衡机的作用和结构。

第 3 章
起落部分

火箭炮的起落部分用于赋予定向器高低射角,它由以下部分组成:定向器、摇架、平衡机。

3.1 摇架

摇架作为起落部分的主体,用来安装定向器和瞄准具支臂。

摇架的组成如图 3.1 所示。

图 3.1 摇架的组成

1—回转盘;2—回转盘盖;3—行军固定器支座;4—配合面;5—摇架本体;6—齿弧;7—右连杆组件[1]

---

[1] К иселев В. В. , Кириченко А. А. , К алиш С. В. , Таранов С. В. , Горин В. А. Реактивные системы залпового огня. (Боевая машина БМ – 21《Град》). ФГБОУ ВГАУ Военная кафедра. Волгоград, 2015. С. 6. ; https://armyman.info/photo.

摇架（图 3.2）① 是焊接结构，其上有如下组件。

（1）配合面，各下定向管安装在其上。

（2）两个检查窗，在平衡机分解结合时使用。

（3）检查座，在校准瞄准具时使用。

（4）一排孔是内腔排水汇点。

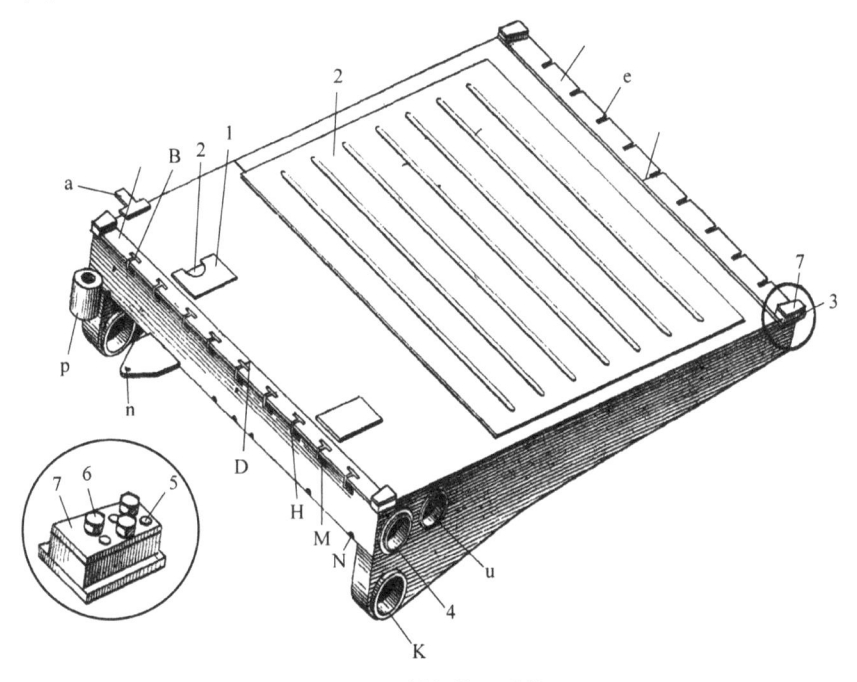

图 3.2 摇架的组成②

1，2，7—盖板；3—固定楔；4—套筒；5—结合销；6—螺栓；a—检查座；д—配合面；e，H—纵槽；
ж—标线；и，к—套筒；м—检查窗；o—标线；п—孔；p—套筒

齿弧用于从高低机的主齿轮至起落部分传递回转运动，即赋予起落部分射角。

齿弧用螺栓和销固定在摇架上。在齿弧的底部有压装销，在起落部分最大仰角时套筒装在高低机减速箱本体的套筒内，用于限制高低机进一步上升。

行军固定器座用于在行军状态下锁定起落部分，以及限制火箭炮在驾驶室

---

① 本书中正文、图片、图片标注有时并不完全匹配对应（如缺少标号、缺少引线标注、文图不匹配等），因原书如此，故特作说明。对于后文中的类似情形，不再重复说明。

② 这里引用的图片来自 БМ–21 火箭炮图集（苏联国防部军事出版社，1971）。

区域射角小于 11°时发射。

行军固定器座用螺栓和销固定在摇架上，由以下组件组成：下支承和上支承、焊接套筒、螺纹套筒、拧入螺杆、可手动压下高低固定器挂钩等（图 3.3）。

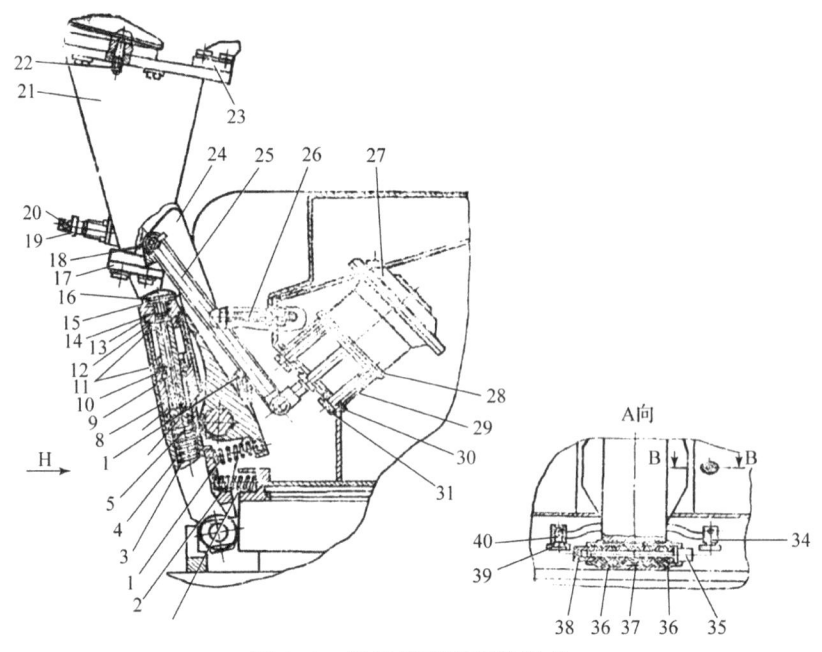

图 3.3 行军固定器座的组成

1，2，3—弹簧；4—支柱；5—活塞；6—密封环；7—圆柱体；8—活塞杆；9—螺钉；10—滚珠；11，13—密封环；12—垫片；14—焊接套筒；15—垫圈；16—螺塞；17—下支承；18—轴；19—螺纹套筒；20—拧入螺杆；21—固定架；22—销；23—上支承；24—可手动压下高低固定器挂钩；25—拉杆；26—螺钉；27—制动室（空气室）；28—垫片；29—基座；30—垫片；31—螺栓；32—轴；33—螺钉；34—挂钩；35—活塞杆；36—螺母；37—盘形弹簧；38—推杆；39—滑轮；40—轴；а—上半平面；б—下半平面；в—补偿室

3.2 定向器

定向器用于赋予火箭弹飞行方向和旋转运动，同时可以运输弹药。

定向器的组成部分包括定向管、闭锁挡弹装置。

定向管（图 3.4）是圆柱结构，其上有 Π 形槽（滑轨）、加强环（焊接在管末端）、隔板（将定向管固定成束的基座）、方便装填的盖板（定位销)、固定架、轴承圈和支架(固定在闭锁挡弹装置末端)等。

在定向管炮口断面有4条刻线,用于在检查瞄准装置时拉紧十字线。

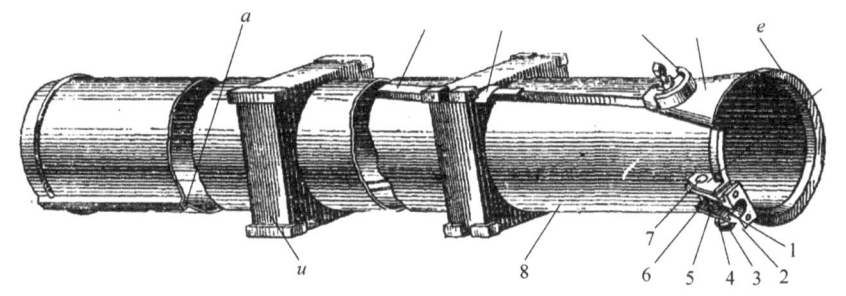

图 3.4 定向管的组成

1—小管;2—可拆卸的固定架;3—开口销;4—垫圈;5,6—弹簧;7—轴;8—定向管;
а—螺线槽;б—滑轨;в—支架;г—轴承圈;д—盖板;е—加强环;ж—固定架;и—隔板

闭锁挡弹装置的作用是阻挡火箭弹在高低瞄准和运输的过程中脱落,并在火箭弹脱离的过程中产生极限为 600~800 kgf① 的阻力。

闭锁挡弹装置的组成如图3.5所示。

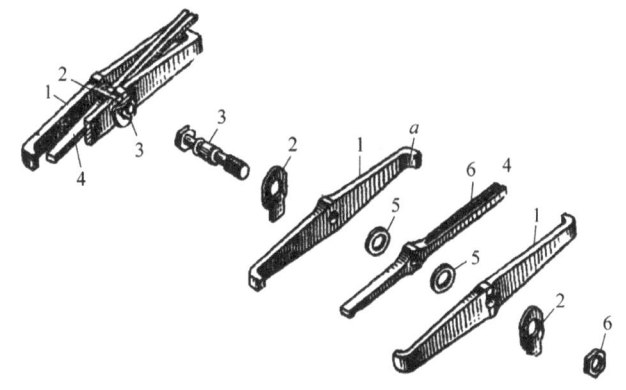

图 3.5 闭锁挡弹装置的组成

1—闭锁装置;2—止动垫圈;3—轴;4—杠杆;5—弹簧垫圈;6—螺母;а—工作面;6—键槽

装配完成和校准后的闭锁挡弹装置安装在定向管上。

闭锁挡弹装置的一端被支架压住,另一端插入轴承圈。杠杆置于键槽中,用小销套圈固定。

装弹时火箭弹导向销进入盖板,沿着螺线槽行进,挤压杠杆并接近闭

---

① 1 kgf≈9.8 N。kgf 不是标准单位,原书如此,特作说明,后文不再一一说明。

锁装置的工作面。

杠杆如同弹簧一样，在导向销通过后会回到起始位置。

随着火箭弹火药发动机以一定的推力启动（600~800 kgf/cm²），导向销与闭锁挡弹装置松开，火箭弹开始在定向管中移动并开始旋转。

带弹行军时，闭锁装置防止火箭弹向前掉落，并通过杠杆防止火箭弹向后掉落，起到类似反制动器的作用。

3.3 平衡机

平衡机（图 3.6）用于平衡火箭炮起落部分相对于耳轴的重力矩，从而可以减小传动电动机的功率。

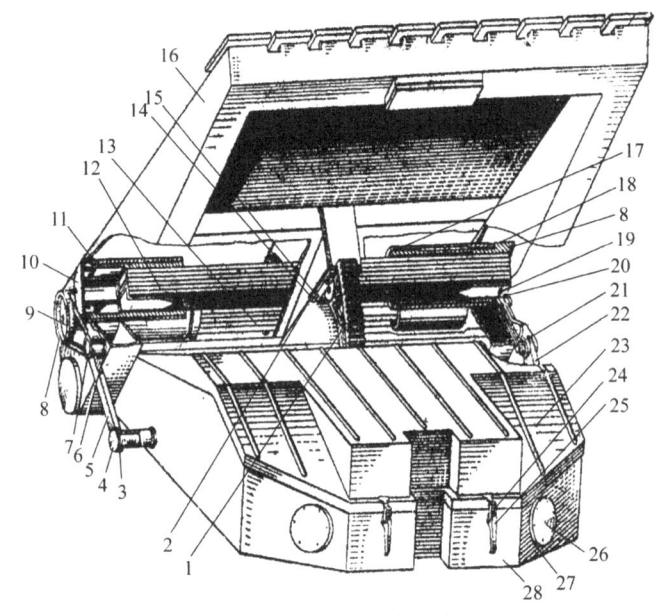

图 3.6 平衡机的组成

1—齿弧；2—垫片；3，11，18—套筒；4—轴；5—右牵引杆；6，17—垫圈；7—轴；8—连杆；9，10，23—盖；12—右侧板簧；13—左侧板簧；14—螺栓；15—销；16—摇架；19—螺杆；20，27—垫片；21—开口销；22—左牵引杆；24—活链环；25—把手；26—螺塞；28—回转盘组件

平衡机位于摇架内，并通过连杆系统与回转盘连接。该机构由两组板簧组成（左侧 13 个、右侧 12 个），每个板簧由 6 个直角板簧组成，由螺杆支撑。

板簧的一端安装在套筒的方孔中，另一端安装在连杆孔中。板簧用垫片固定在套筒和连杆孔中。连杆可以在套筒 18 中旋转。

板簧的端面用盖封闭。连杆与轴用右牵引杆 5 和左牵引杆连接,轴连接到回转盘上。

平衡机的作用如下。

火箭炮的起落部分降低时,板簧拧紧,从而产生一个力矩,该力矩与起落部分的重力产生的力矩相反。

随着火箭炮的起落部分进一步下降,定向器重力产生的力矩增大,同时增加了板簧的扭转,从而使反向作用的力矩也增大。

火箭炮的起落部分上升时,板簧的扭转减小。

3.4 定向管

定向管用 6 个垂直连接带和 12 个水平连接带固定成组(图 3.7)。

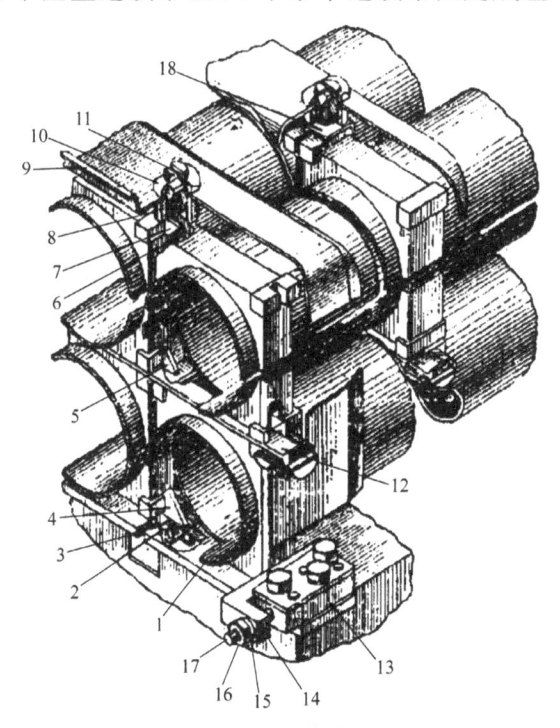

图 3.7 定向管的组成

1—定向器组;2—凸耳;3,18—垫圈;4,5,7—轴键;6—垂直连接带;8,10,16—螺母;9—后搭板;11—螺杆;12—水平连接带;13—固定斜板;14—活动斜板;15—止动垫圈;17—螺桩

下排定向管置于摇架的配合面上，定向管之间用垂直连接带固定，连接带一端置于凸耳中，另一端与螺杆相连，并通过螺母 10 紧固，从而将定向器组紧定在摇架的配合面上。

水平连接带的端部穿过螺杆，并用螺母 10 固定。

下排定向管通过摇架上的活动斜板防止横向位移，活动斜板位于固定斜板和定向管隔板（图 3.4）之间。

轴键 7 防止定向管发生纵向位移，并插入隔板键槽和摇架键槽。

复 习 题

1. 说出摇架的用途和主要部分。
2. 说出平衡机的结构。
3. 说出闭锁挡弹装置的用途、结构和作用。
4. 说出定向管的用途和结构以及固定方式。

第 4 章
回转部分

火箭炮的回转部分用于使定向管在水平方向转动,并安装有起落部分、瞄准机、固定器、电传动装置和气动装置等。

火箭炮的回转部分主要包括回转盘、座圈、高低机、方向机、手摇传动装置、固定器等。

4.1　回转盘

回转盘用于安装瞄准机、固定器、电传动装置、气动装置和用半轴固定摇架。回转盘的组成包括基座、盖、两个缓冲器。

回转盘是焊接结构,上方用盖封闭。

盖的作用是防止水和粉尘渗透进入回转盘内部,盖采用薄板结构,用两个锁扣锁定。

缓冲器的作用是当电限制器出现故障时缓冲回转部分在方向转动超限时的冲击。缓冲器用螺栓和接合销固定在基座上。

4.2　座圈

座圈用于回转部分和框架组件间的活动连接,是整个火箭炮回转部分的轴承支撑(图 4.1)。

座圈的组成包括衬圈,用于与回转盘圆环结合的上环、下环,滚珠分离器,作为座圈固定部分的内圈齿环,将负载从运动部分传递到固定部分的滚珠。

图 4.1 座圈示意

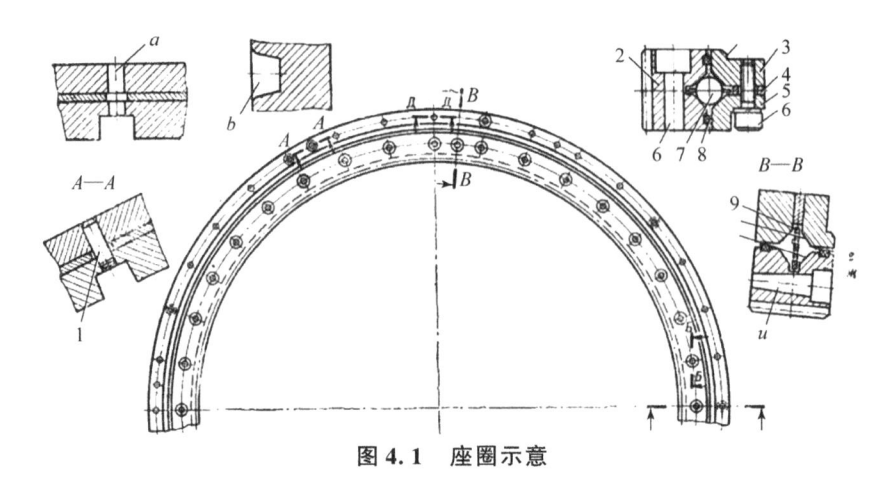

所有的环都有滚珠的滚动轨道。座圈的底环安装有转动指示器（图4.2）。

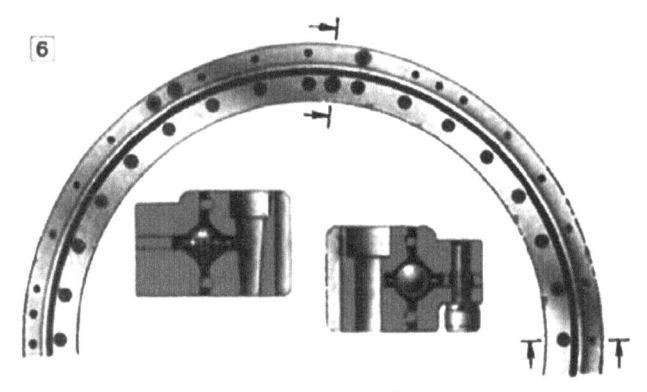

图 4.2 座圈的底环

4.3 高低机

高低机用于定向器在垂直面的瞄准。瞄准的主要动力来自电传动装置。

高低机力学作用示意如图 4.3 所示。

高低机的主要部分包括行星齿轮减速器、保险连接器、高低机离合器、电动机紧固件。

行星齿轮减速器（图4.4）的作用是传递扭矩，获得所需要的主齿轮转速。

行星齿轮减速器的基本组件包括外壳、齿轮轴、3个行星齿轮、行星架、固定中心轮、滑块、带主齿轮的动中心轮、2个衬套、油尺、盖。

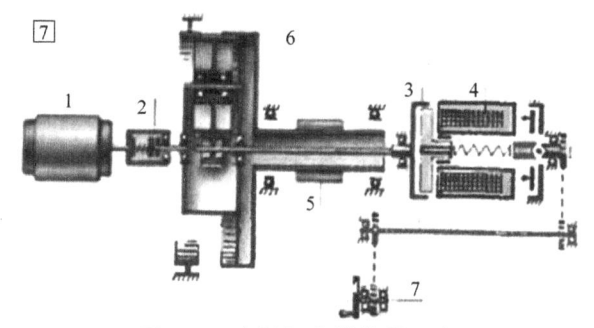

图 4.3　高低机力学作用示意

1—电动机 MY22 - M；2—保险连接器；3—高低机离合器；4—电磁铁；
5—主齿轮；6，7—方向机手轮轴

保险连接器的作用是实现电动机和行星齿轮减速器齿轮轴间的机械连接，并限制传递的最大扭矩。

保险连接器采用圆盘摩擦式。

保险连接器的基本结构包括壳体、安装在行星齿轮减速器盘上的从动盘、固定的连接器摩擦片、主动盘、衬套、弹簧、螺母。

1. 保险连接器的作用过程

衬套固定在电动机上，通过齿轮连接连接器体。主动盘和连接器体一起旋转，当从动盘按顺序旋转时，连接器摩擦片产生的摩擦力使减速器轴转动。

传递的扭矩大小由弹簧的压缩受力决定。过载时，保险连接器的主动盘开始在从动盘上滑行，连接器体的衬套在减速器轴上自由转动，导致传动链断开。解除过载后，传动链自动恢复。

2. 高低机的作用过程

高低机离合器是高低机的制动装置，旨在确保高低机在电传动装置或手摇传动装置下正常运行。

高低机离合器采用电磁摩擦式。

高低机离合器的基本组件包括固定在齿轮轴上的离合器圆盘、电磁线圈、壳体、(导磁体)、电枢、离合器摩擦片、制动圆盘、齿轮轴、3 个滚珠、套齿衬筒、弹簧。

1）电传动装置驱动时

转动操纵台手轮，为高低机离合器电磁铁上电，电枢从离合器圆盘移开，并将其释放，从而松开齿轮轴。

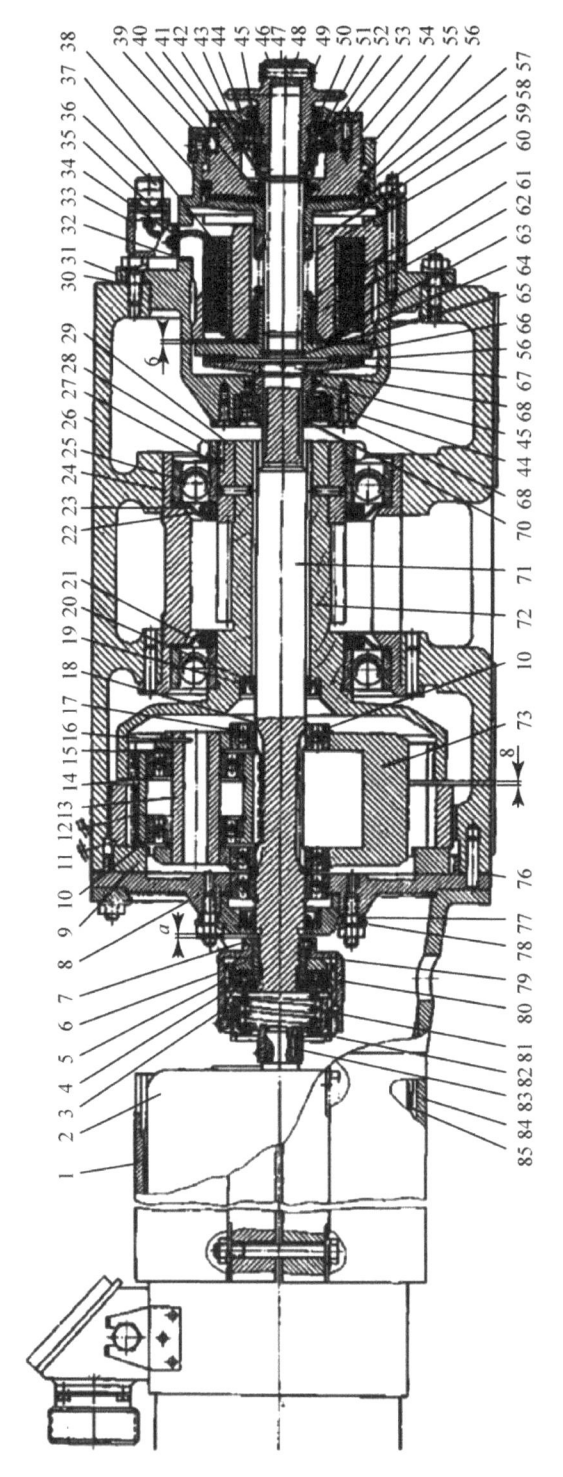

火炮武器：多管火箭炮系统 БМ-21

图 4.4 高低机的行星齿轮减速器

1、2—电动机；3—衬套；4、6、80—圆盘；5、67—圆盘离合器；7—离合器衬套；10、25、44—轴承；11—中心轮；12—行星齿轮；13、47—轴；19—环形弹簧；21—填料箱；26—减速器组件；31—机箱；33—转接器；37—线圈；46—星形齿轮；48—圆柱形销；49、81—弹簧；50、78—盖；53—滚珠；54—机箱组件；55—箱体；56—离合器；58—制动圆盘；59—磁铁；66—集合电板；71—齿轮轴；72—主齿轮；73—牵引杆；79—离合器壳体；82—螺母；83—轴键；84—电动机支承座；85—垫片；a、6、r—轴向间隙电动机通过保险连接器、齿轮轴、行星齿轮、带主齿轮的中心轮带动摇架齿弧旋转，主齿轮与摇架齿弧啮合。

2) 手摇传动装置驱动时

手摇传动装置驱动时，高低机离合器星形齿轮旋转。由于星形齿轮有椭圆开口，所以高低机离合器轴不会立即传动。在星形齿轮转动期间，相对于齿轮轴的滚珠被星形齿轮的倾斜薄壁键槽挤出，并沿着齿轮轴移动，挤压花键套筒。花键套筒挤压离合器摩擦片的制动圆盘，从而释放齿轮轴。接下来，伴随着星形齿轮的转动，齿轮轴也开始转动，进而通过电枢、制动圆盘、离合器摩擦片带动齿轮轴。

后续该机构的的工作原理与电传动装置类似。

4.4　方向机

方向机赋予定向器方向射角。

方向机的结构与高低机的结构类似，但其行星齿轮减速器存在一些差别，如图 4.5 所示①。

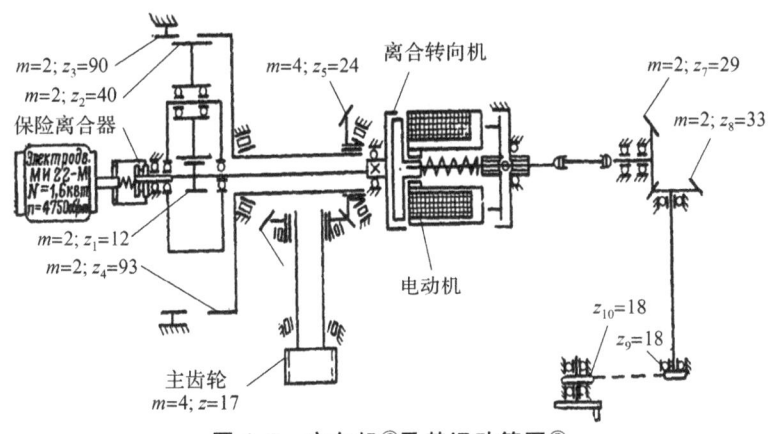

图 4.5　方向机②及其运动简图③

方向机的行星齿轮减速器如图 4.6 所示，主要组件如下。

---

① 此处对原图中公式未作改动，特此说明。
② 俄罗斯和世界武器装备 http://oruzhie.info.
③ https://yandex.ru/images/search?text=устройство%20поворотного%20механизма.

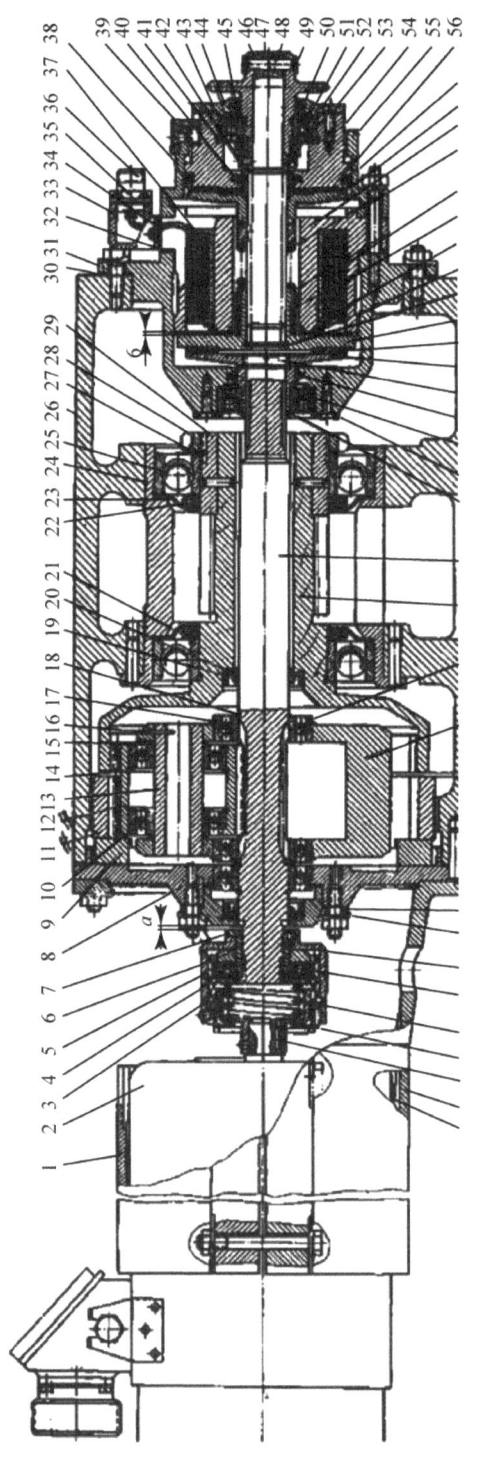

火炮武器：多管火箭炮系统 БМ – 21

图 4.6 方向机的星形齿轮减速器

1—电动机；5—衬套；6、7、9—摩擦片；8、58—离合器摩擦片；13—运动中心轮；16—行星齿轮；17、21—轴承；22—减速器体；24—固定中心轮；26—锥形齿轮；32—离合器圆盘；33—集合电板；38—线圈；40—制动圆盘；50—轴；51—控制片；55—滚珠；59—磁铁；60—弹簧；61、62—衬套；68—轴承；73、80—齿轮轴；85—齿轮架；94—离合器体；95—轴键；а、б、в—间隙

（1）减速器体。

（2）齿轮轴。

（3）3个行星齿轮。

（4）齿轮架。

（5）固定中心轮。

（6）滑块。

（7）盖。

（8）运动中心轮。

（9）2个锥形齿轮（26）。

（10）主齿轮轴（与座圈齿轮啮合）。

（11）筒。

（12）衬套（78，81）。

方向机离合器与高低机离合器在外部形状上有区别，除此之外，控制片取代了离合器轴上的星形齿轮。

方向机和高低机减速结构如图4.7所示。

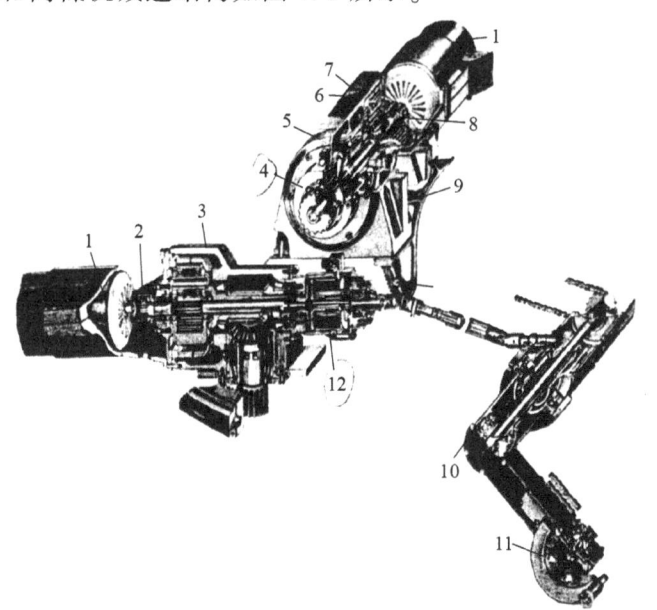

图4.7 方向机和高低机减速结构①

1—МИ-22М电动机；2，8—离合器圆盘；3—行星齿轮减速器；4—方向机离合器；5—高低机减速齿轮；6—盖；7—注油嘴；9—齿弧；10—手摇传动装置壳体；11—手轮；12—螺桩。

---

① 开放式图书馆。开放图书馆教材信息。http://oplib.ru/random/view/144190.

4.5 手摇传动装置

手摇传动装置的作用是当电传动装置发生故障时降级使用。

手摇传动装置如图 4.8 所示，其主要组件如下。

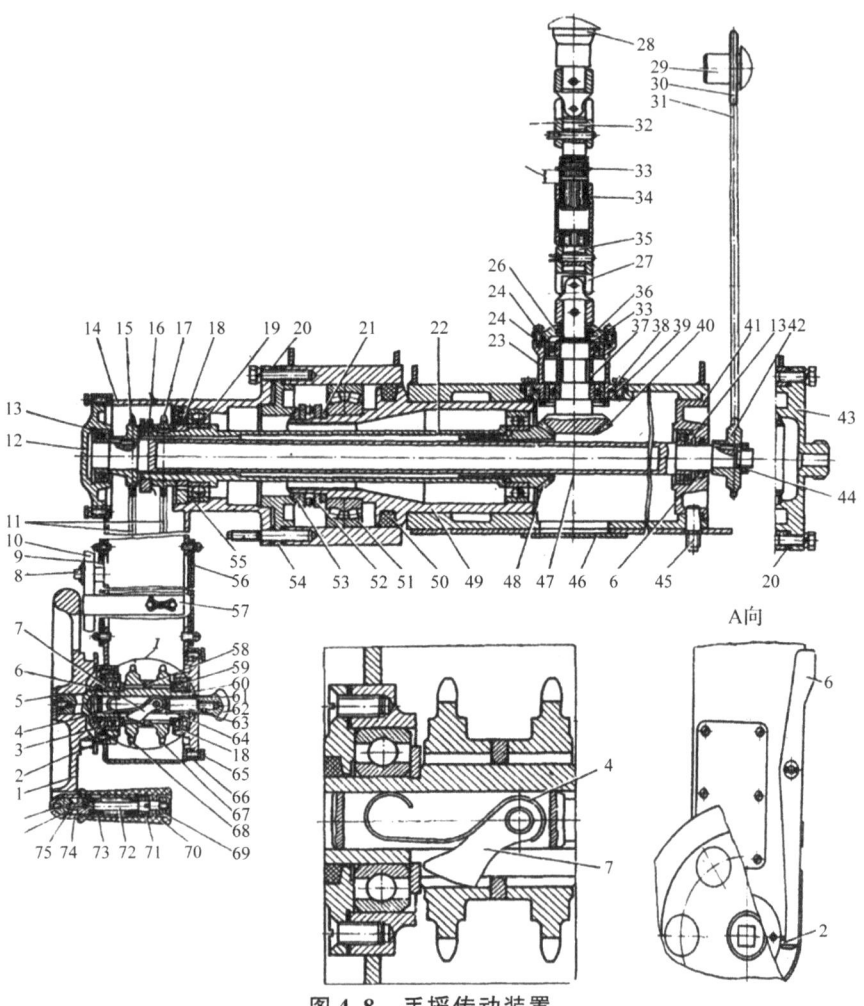

图 4.8 手摇传动装置

1—手轮；4—弹簧；7—制动片；8—轴；9，12，36，41，43，46，65—盖；10—拉杆；11，31—链条；13，19，25，51，52，54—轴承；14，23—壳体；15，17，3，42，67，68—星形齿轮；22—管；27—离合器；28—离合器总成；29—高低机离合器；32，60—轴；34，35—衬套；35，63—小轴；37—定位套；39—圆环；40—齿轮轴；47—轴筒；48—锥形齿轮；62—按钮；64—轴线；70—手柄；74—手柄外壳；75—轴线；6—键槽；в—量尺；г—轮齿；а，д—挡板

(1) 2个壳体。

(2) 带有可拆卸手柄的手轮。

(3) 联锁。

(4) 带有小齿和按钮的轴。

(5) 5个星形齿轮、两个带花键。

(6) 3个链条。

(7) 轴。

(8) 轴筒。

(9) 锥形齿轮。

(10) 半轴。

(11) 管。

(12) 齿轮轴。

(13) 万向节传动装置（由2个铰轴、衬套和2个小轴组成）。

必须根据垂直方向的箭头移动带有按钮的小轴到左侧边缘位置才能让高低机工作。同时，制动片将一个带花键的星形齿轮连接到轴上。

转动该机构时，轴和带花键的星行齿轮也开始转动，并通过链条传动到固定在轴筒上的星形轮。随着轴筒的旋转，在轴筒另一端的第二个星形齿轮被固定，然后通过链条传动到高低机离合器的星形齿轮上。

必须根据水平方向的箭头移动带有按钮的小轴到右侧边缘位置才能让方向机工作。同时，制动片将另一个带花键的星形齿轮连接到轴上。

当手轮转动时，带花键的星形齿轮的轴旋转，并通过链条传动到固定在管上的星形齿轮，接下来通过锥形齿轮、齿轮轴和万向节传动装置传动到方向机离合器的控制片上。

4.6 高低固定器

高低固定器的作用如下。

(1) 在行军状态下固定火箭炮的起落部分。

(2) 限制定向器在驾驶室区域下降。

高低固定器如图4.9所示，主要包括：支柱，挂钩，带滑轮的拉杆，液压减振器，弹簧减振器，轴，空气室，位于挂钩、支柱和拉杆之间的弹簧（可以在轴上互相弯曲）。

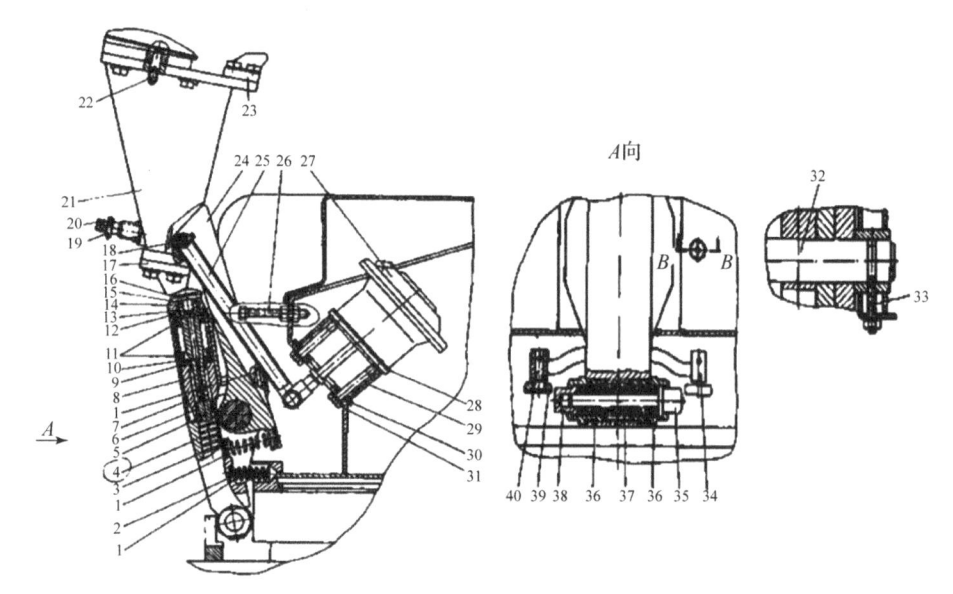

图 4.9　高低固定器

1，2，3—弹簧；4—支柱；5—活塞；6—密封圈；7—圆柱体；8，35—活塞杆；9，20，26，33—螺钉；10—滚珠；11，13—密封圈；12—密封垫；14—衬套；15—垫圈；16—螺塞；17—下支承；18—轴线；19—圆圈；21—固定架；22—接合销；23—上支承；24，34—挂钩；25—拉杆；27—空气室；28，30—密封垫；29—基座；31—螺栓；32—轴线；36—螺母；37—盘形弹簧；38—推杆；39—滑轮；40—轴线；a—上平面；б—下平面；в—补偿腔

液压减振器的作用是在高低机或平衡机损坏时减轻摇架落下时的冲击。

液压减振器的基本组成包括带螺塞的活塞杆、活塞、圆柱、衬套、弹簧。

液压减振器采用 АГМ－10 或 МГЕ－10 润滑油。

弹簧减振器的作用是当定向器仰角小于11°（处在驾驶室区域）时，平缓地使其停止运动。

弹簧减振器的基本组件包括活塞杆、2个螺母、顶杆、经校准的复式弹簧。

高低固定器的工作原理如下。

当双向开关切换到战斗状态时，在空气室活塞杆的作用下，拉杆绕轴心转动并按压挂钩。挂钩松开摇架支架，从而解脱起落部分。

在行军状态时锁定起落部分，需要将摇架支架置于减振器螺塞上并将双向开关切换到行军状态。在这种状态下，挂钩在弹簧的作用下弯曲，并勾住摇架底座的支柱，起落部分停止运动。

当定向器不在驾驶室上方时，在弹簧的作用下，支柱转向回转盘，起落部分可以下降到0°。如果定向器的仰角大于11°，则当接近驾驶室时，滑轮挂钩移向滑板并在上面移动。当起落部分下降时，摇架支架被减振器顶住。如果起落部分的仰角小于11°，则靠近驾驶室时支柱不会弯曲，在这种情况下，弹簧缓冲杆被其中一个支架顶住，回转部分停止转动。

4.7　方向固定器

方向固定器的作用是在行军状态下固定火箭弹的回转部分（图4.10）。

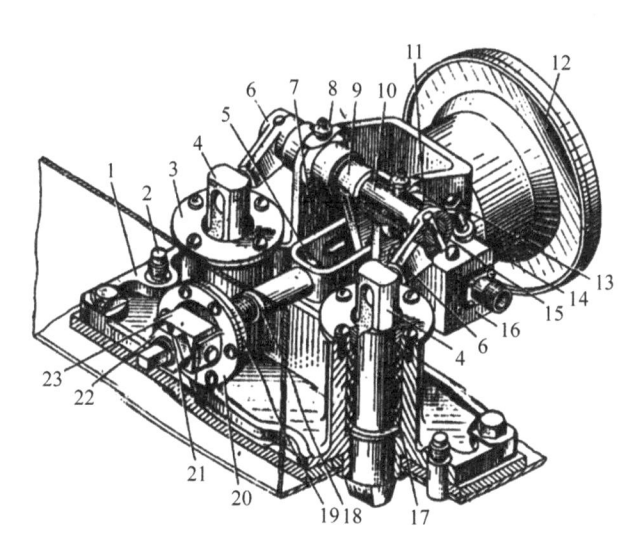

图 4.10　方向固定器

1—固定器外壳；2—接合销；3—盖；4—制动器；5，13，22—螺母；6—拉杆；7—夹叉；8—润滑油嘴；9—拉杆；10—轴；11—衬套；12—制动室；14，18—螺钉；15—接合销；16—接触组件；17—弹簧；19—密封垫；20—固定架；21—开口销；23—横梁

方向固定器的工作原理如下。

当空气室中无气时,方向固定器在弹簧的作用下进入滚珠座圈内部插孔,回转部分停止转动。当向空气室供气时,拉杆使中心杆和轴一起弯曲,同时固定在轴心的边缘杆也发生弯曲,其末端上升。方向固定器的末端从滚珠座圈的插孔中脱离,从而解脱回转部分。

复 习 题

1. 说出回转部分的用途和组成。
2. 说出高低机的用途和结构。
3. 说出方向机的用途和结构。
4. 说出手摇传动装置的用途和组成。
5. 说出高低固定器的用途和结构。
6. 说出方位固定器的用途和结构。
7. 说出高低固定器的工作原理。
8. 说出方位固定器的工作原理。

第 5 章
底　　盘

底盘用于安装火箭炮的火炮部分，由汽车底盘（уРаl-4320）、纵梁、备用轮胎安装支架、前车架和副车架组成（图5.1）。

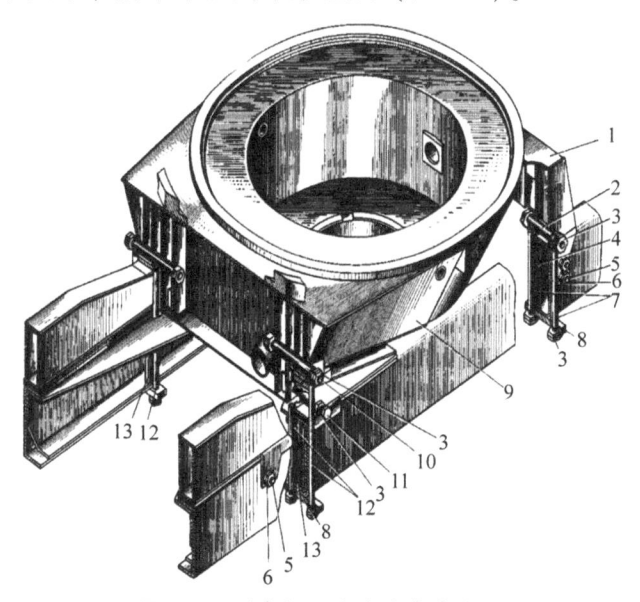

图 5.1　副车架固定在底盘车架上

1—横梁；2，10—螺栓；3，6—螺母；4—台架；7—接合器；8—窄条；9—车架；
11—螺杆；12—拉紧器；13—台架

5.1　副车架

副车架用于安装火箭炮的回转部分，是汽车底盘车架与回转部分之间的过渡件。

副车架的基本组件包括车架、横梁、右翼和左翼等（图5.2）。

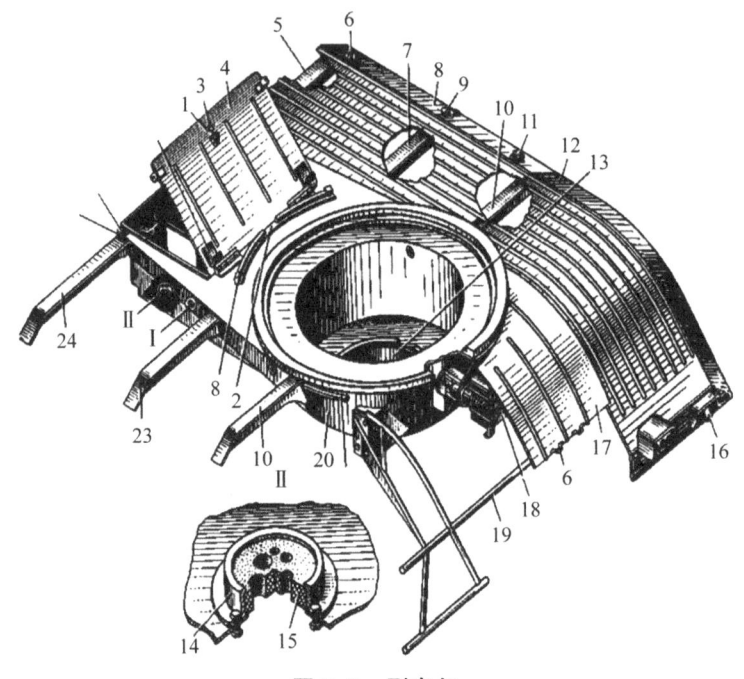

图5.2 副车架

1，33—螺母；2，3—活节螺栓；4，13—盖子；5，7，10，23，24—固定架；6—支柱；8—总成右挡板；9—支撑架；11—支柱；12—右翼；14，21—法兰盖；15，26—密封装置；16—后转向指示器；17—板材；18—横梁；19—后悬挂装置；20—车架；22，30，31—密封垫；25—销；27—万向轴承；28—垫圈；29，e，д—衬套；32—螺栓；34—盖；35—圆圈；36—螺钉；a—把手；б—托架；в—扫板；г—接头

5.2 板簧固定器

板簧固定器用于火箭炮在转换为战斗状态时断开底盘弹簧，消除发射期间弹性变形的影响。

火箭炮上安装了2个板簧固定器。

板簧固定器的主要组件包括外壳（23）、卡箍（32）、带环形键槽的活塞杆（24）、带挡板的两个滑块（27）、摇臂（3）、拉杆（10）、弹簧

（26）、柱塞（9）、螺母（6）、盖（12）、空气室（17）、橡胶外壳（28）、轴（2，4，22）、润滑油嘴等（图5.3）。

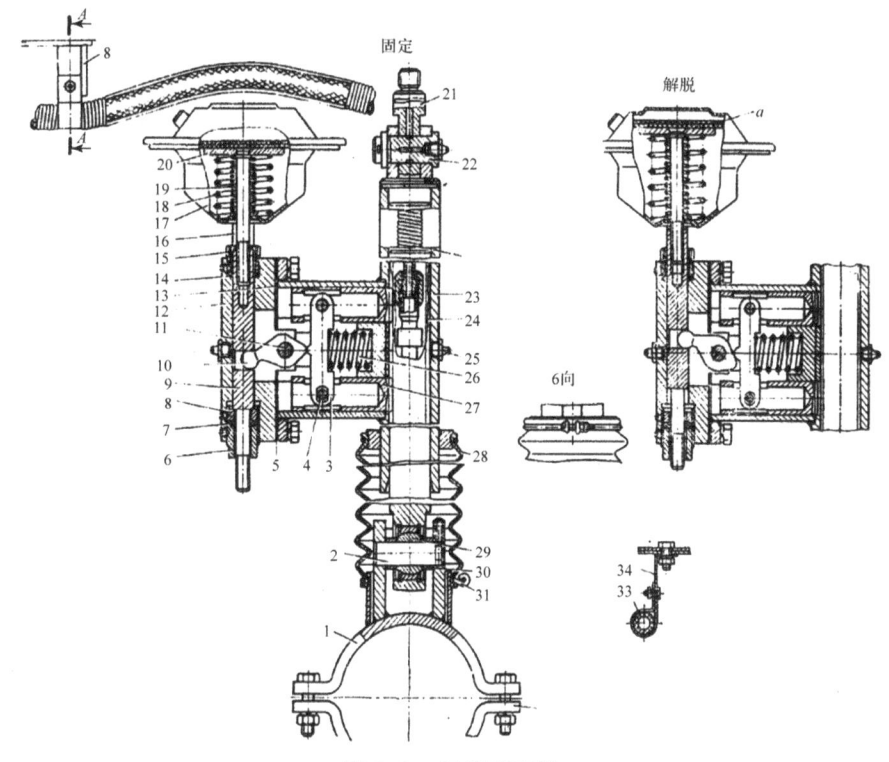

图 5.3 板簧固定器

用轴将外壳与火箭炮的部件连接。

活塞杆自由进入外壳并通过卡箍和轴与汽车底盘后桥连接。柱塞与空气室活塞杆连接。

方向固定器工作示意如图5.4所示。

板簧固定器的原理如下。

板簧固定器动作时，活塞在机体内自由移动。板簧固定器停止动作时，其停止位置是任意的。当双向开关移动到"作战"位置时，空气室活塞将柱塞推到螺母中心。柱塞绕轴转动拉杆，使其凸起挤压平衡杆凸起。平衡杆按压弹簧，并使滑块向活塞方向移动。凸出的滑块伸入活塞键槽并固定在这个位置。因此，活塞不能相对于车身移动，从而将后桥（绕过弹簧）与车架总成刚性连接。

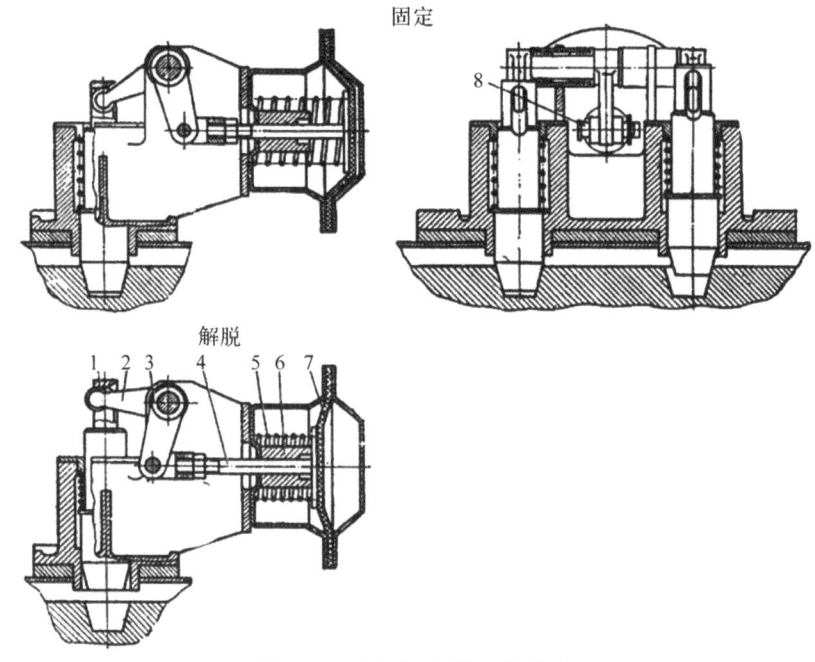

图 5.4　方向固定器工作示意

1—固定器；2，3—拉杆；4—活塞杆；5—弹簧；6—衬套；7—橡皮膜；8—轴

当双向开关移动到"行军"位置时，所有部件在弹簧的作用下回到起始位置，活塞松开，弹簧恢复工作状态。

复 习 题

1. 说出火箭炮底盘和车架的用途。
2. 说出板簧固定器的用途和结构。
3. 说出板簧固定器的工作原理。

第6章

气动装置

气动装置用于驱动方向固定器和板簧固定器动作（图6.1）。

图6.1 气动装置

1—空气室；2，3，5，9—软管；4—十字接头；6—接管；7—双向开关；8—高低固定器空气室；10—三通管；11—方向固定器空气室；12—垫圈；13—螺钉；14—手柄

双向开关用于接通和断开方向固定器和板簧固定器的气压传动。

双向开关零件如图 6.2 所示。

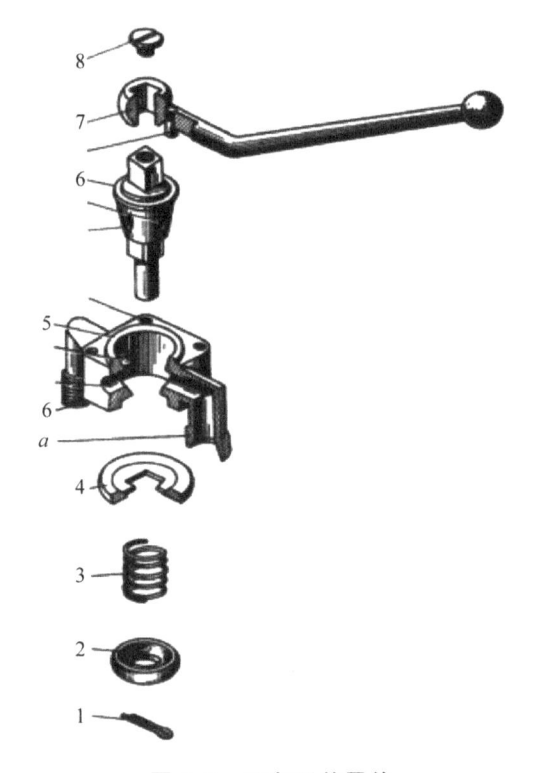

图 6.2 双向开关零件

1—开口销；2，4—垫圈；3—弹簧；5—外壳；6—螺塞；7—手柄；8—螺钉；
а，в—接管；в—孔；г—通孔；д—螺纹孔；е—孔；ж—通孔；и—接合销

双向开关主体由 2 个用于连接软管的接管组成，螺塞插入一个锥形孔，当气压传动装置关闭时，空气通过锥形孔从气动系统中排出。

螺塞有通孔和盲孔用于排出空气。螺塞的方形区域上有通过螺杆固定的手柄。

空气室是气动装置的执行设备。

空气室的主要组件包括带接管的主体、橡皮膜、带活塞杆的减振垫片、弹簧、衬套。

软管系统的作用是给空气室提供空气。

软管系统的主要组件包括软管、十字接头、弯管、连接管。

软管是可弯曲的涂胶软管，其末端接头装有连接螺母。

气动装置的工作原理如下。

当双向开关切换到"战斗"状态时，来自汽车底盘气动系统的压缩空气通过空气阀体上的孔、螺塞开关和软管系统进入空气室并作用于橡皮膜。橡皮膜移动带有活塞杆的减振垫片，从而驱动方向固定器和板簧固定器。

当双向开关切换到"行军"状态时，空气从气动系统通过阀体上的孔和螺塞开关排出。此时，高低固定器、方向固定器和板簧固定器脱开。

复 习 题

1. 说出气动装置的用途和组成。
2. 说出双向开关的用途和主要组成。
3. 说出空气室的用途和主要组成。
4. 说出气动装置的工作原理。

第7章 电传动装置

电传动装置用于驱动瞄准机，其主要组成包括自发电装置、方向机传动装置、高低机传动装置、电缆。

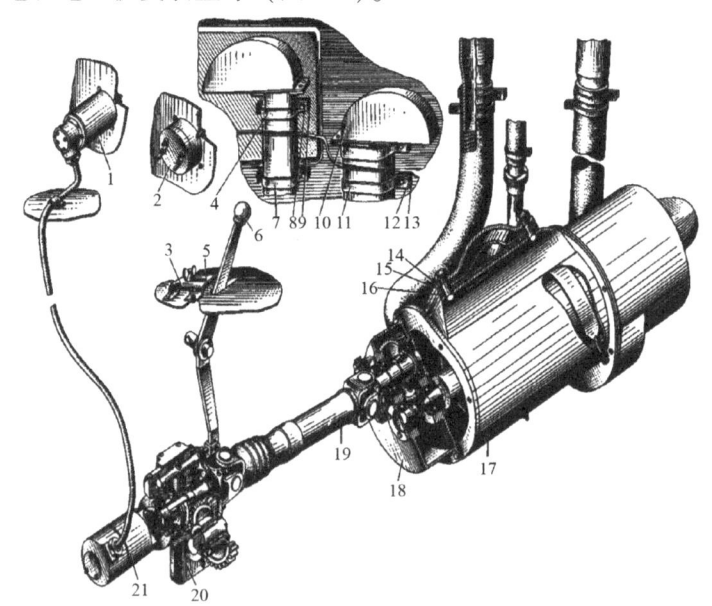

7.1 自发电装置

自发电装置用于为方向机传动装置和高低机传动装置自发电装置提供 28 V 电压的恒定电流。

自发电装置的主要组件包括分动箱、发电机、电压表、滤波器、控制测量装置；发电机电压恢复装置等（图7.1）。

图 7.1 自发电装置

1—转速表；2—电压表；3—固定架；4，7，8—支架；5—制动板；6—拉杆；9，12，13，15，16—垫圈；10—盖；11—卡箍；14—粗线；17—发电机；18—减速器；19—万向轴；20—分动箱；21—测速发电机分动箱的作用是通过汽车底盘发动机带动减速器。

分动箱的主要组件包括箱体、中间齿轮、轴、齿轮、法兰盘、拨叉、活塞杆、盖、拉杆（固定在拨叉上）等（图7.2）。

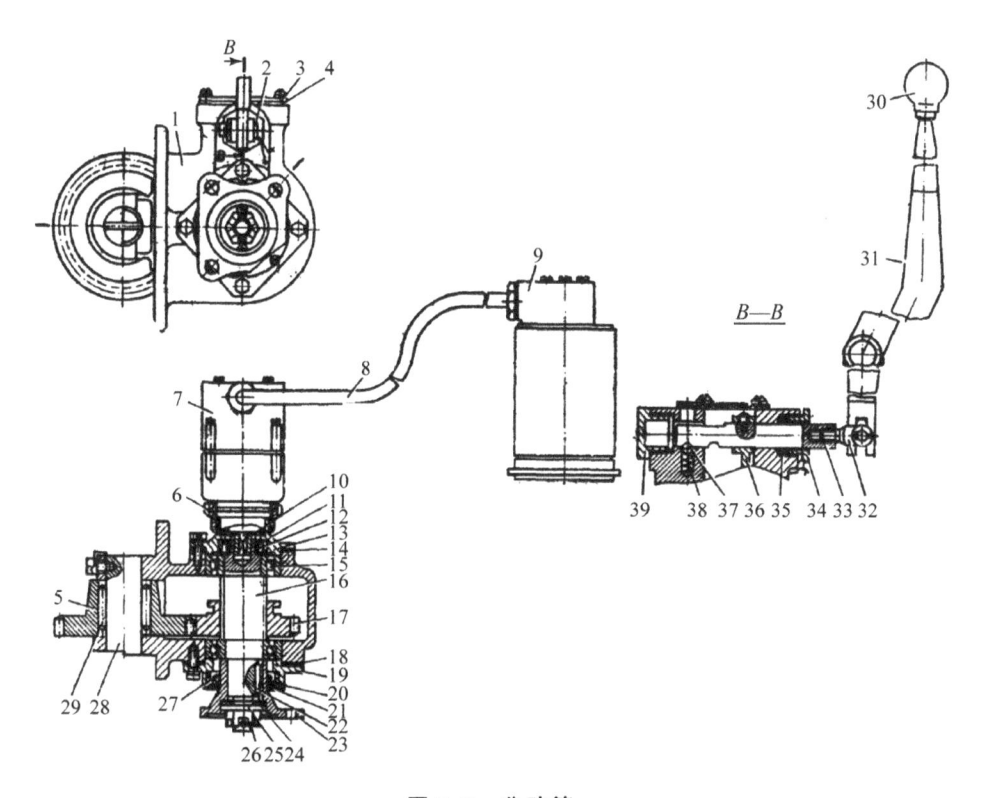

图7.2 分动箱

1—箱体；2，28，16—轴；3，13，19，21—盖；4，14，18，24—垫圈；5—中间齿轮；
6—外加螺母；7—测速发电机；8—电缆；9—转速表；10—衬套；11，20—密封圈；
12—环形弹簧；15—轴承；17—齿轮；22—轴键；23—法兰盘；25—垫片；
26，34—螺母；27—圆形弹簧；29—轴承；30—球头；31—拉杆；
32，36—拨叉；33—活塞杆；35—圆环；37—滚珠；
38—弹簧；39—螺塞

扭矩通过万向轴（19）（图7.1）从分动箱传递到减速器上。

发电机装置通过分动箱带动发电机轴。

发电机装置的主要组件包括减速器、发电机、机体、外壳、通风管等（图7.3）。

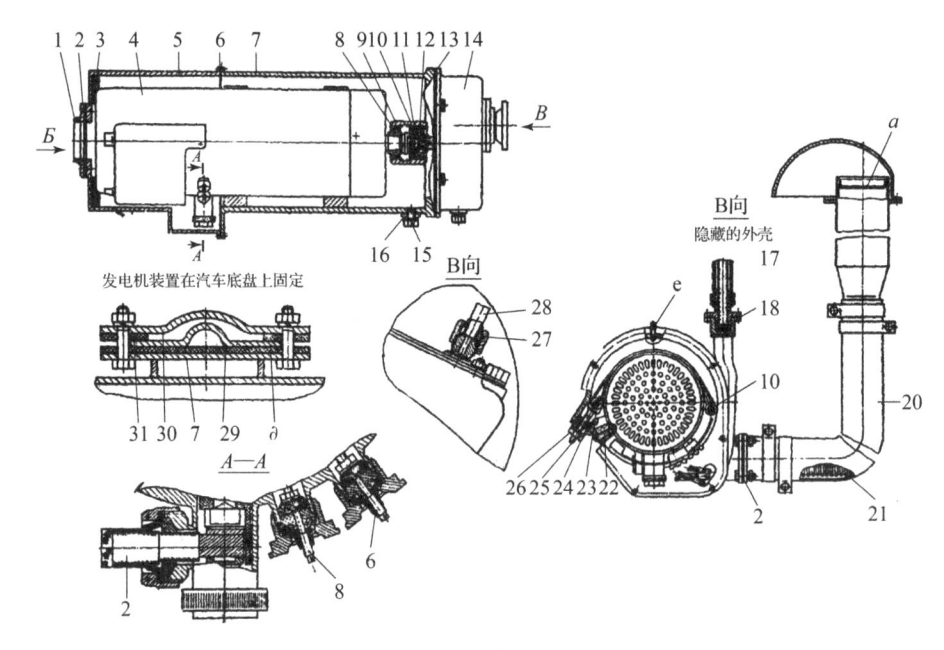

图 7.3 发电机装置

1—组合管；2，3，6，13，18，29，31—垫圈；4—发电机；5，11—外壳；7—机体；
8，12—半离合器；9—衬套；14—减速器；15—螺塞；16，24—环圈；17—电缆；
19—轴；20，8—组合管；21—弹簧；22，e—螺钉；23—箍圈总成；25，26—螺母；
27—外加螺帽；30—粗线；а—金属网；б，в，г—导线；
д—汽车底盘横梁

减速器的作用是传递扭矩，并获得发电机轴所需的转速。

减速器的主要组件包括机体、齿轮轴、法兰盘、齿轮、轴、盖、衬套、量油计、螺塞等（图7.4）。

下面介绍Γ-5励磁直流发电机。

Γ-5励磁直流发电机的基本特性如下。

（1）额定功率为5 kW。

（2）额定电压为28 V。

Γ-5励磁直流发电机自带通风机。

型号为Р-5М的电压调节器的作用是自动调节发电机的励磁电流并维持发电机的输出电压保持在27~29 V，改变其转速和负荷。

第 7 章　电传动装置

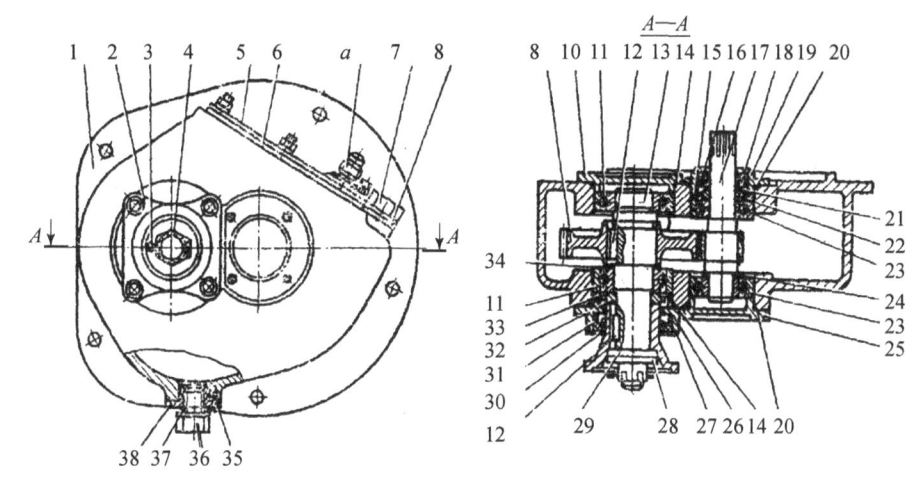

图 7.4　减速器

1—机体；2—法兰盘；3—开口销；4—螺母；5，10，19，25，26，27—盖；
6，8，29—密封垫；7—量油计；9—齿轮；11，23—轴承；12—轴键；13—轴；
14，16，20，31—密封圈；15，21，24，33，34，37—圆圈；17—齿轮轴；
18，30—环状弹簧；22，32—衬套；28—轴承圈；35—圆柱形销；36—螺塞；
38—螺套；a—接管

Ф-5 滤波器的作用是在发电机、电压调节器和电动机放大器工作时，抑制其无线电干扰。

自发电装置中的仪表包括 М-4200 电压表和 ИТМ 转速表。

电压表的作用是测量发电机的输出电压，测量 0~30 A 区间内的直流电压，测量精度为 2.5 V。

转速表的作用是检测汽车底盘发动机转速。

转速表包含安装在驾驶室的转速表、转速传感器、安装在功率输出轴上的转速表。

电传动装置总设计表见表 7.1。

表 7.1　电传动装置总设计表

序号	代码	设备名称	数量
1	Б1	发电机	1
2	Б2	电压调节器	1
3	Б3	滤波器	1

续表

序号	代码	设备名称	数量
4	Б4	高低瞄准联销触头	1
5	Б5	高低角限制器	1
6	Б6	控制盒	1
7	Б7	高低瞄准电动机放大器	1
8	Б8	方向瞄准电动机放大器	1
9	Б9	方向瞄准执行电动机	1
10	Б10	方向瞄准电磁离合器	1
11	Б11	方位角限制器	1
12	Б12	高低瞄准执行电动机	1
13	Б13	高低瞄准电磁离合器	1
14	Б14	方向瞄准联销触头	1
15	Б15	电压表	1
16	Б16	转速表	1
17	Б17	转速传感器	1
18	Б18	分动箱	1
19	Б19	控制板	1
20	Б20	操作台	1
21	Б21	固定架	1

下面介绍发电机电压恢复装置。

若自发电装置关闭程序有误，则发电机电压恢复装置可对发电机的励磁系统重新充磁，并恢复发电机的电压。

若以错误方式关闭自发电装置，则电磁系统可能被重新磁化，电压表会显示发电机输出端的电压出现反极性。

发电机电压恢复装置的控制器按钮位于电压表的下方。当按下该按钮时，蓄电池将给发电机的励磁线圈提供所需极性的恒定电压。

自发电装置的工作原理如下。

当变速器杆向前移动时，底盘发动机通过分动箱齿轮、万向轴和发电机减速器带动发电机轴。

当发电机轴旋转时，剩余的磁性将在发电机电枢产生不高的电压。发电机的励磁线圈通过电压调节器与电枢并联，经过一段时间后，将28 V的全电压施加到励磁线圈上，发电机开始按照设定模式工作，即为其他用电装置供电。

当发电机电压由于某种原因超过28 V时，电压调节器将与电阻励磁线圈串联。励磁线圈中的电流减小，因此，发电机的电压下降。

发电机的输出电压通过电压调节器和滤波器提供给电传动装置。

自发电装置的接通顺序如下。

（1）启动汽车发动机。

（2）踩下离合器踏板。

（3）向前拨动分动箱拉杆。

（4）平稳地松开离合器踏板，通过发动机转速钮手动设定发动机的转速，将转速设定在转速表48%~56%的量程内，这时驾驶室的"发电机启动"灯亮起，控制面板上的"自发电装置"灯也亮起，电压表应显示的电压为27~29 V。

自发电装置的关闭顺序如下。

（1）踩下离合器踏板。

（2）向后拨动分动箱拉杆，此时"发电机启动"和"自发电装置"灯熄灭，电压表显示的电压为0 V；

（3）降低发动机转速。

（4）平稳地松开离合器踏板。

（5）如有必要，关闭汽车底盘发动机。

注意事项如下。

（1）不遵守自发电装置开关的规则将导致其出现故障。

（2）在自发电装置启动时，严禁关闭底盘发动机。

7.2 方向机和高低机的传动装置

方向机和高低机的传动装置互相之间没有关系。

方向机的传动装置主要包括以下组件。

(1) АМУ – 1,2ПМ 电动机放大器（Б–8）。

(2) МИ – 22М 执行电动机（Б–9）。

(3) 方位角限制器（Б–5）。

(4) 方向瞄准联销触头（Б–16）。

高低机的传动装置主要包括以下组件。

(1) АМУ – 1,2ПМ 电动机放大器（Б–7）。

(2) МИ – 22М 执行电动机（Б–14）。

(3) 射角限制器（Б–11）。

(4) 高低瞄准联销触头（Б–4）。

两个传动装置的通用部件为控制箱（Б–6）、控制面板（Б–22）、操作台（Б–23）。

方位角限制器的作用是在火箭炮的回转部分接近极限角时断开方向机传动装置的电路并接通指示灯信号电路。

(1) 底盘轴线右边 67°30。

(2) 底盘轴线左边 99°30。

(3) 如果起落部分角度小于 14°，则驾驶室周边旋转区域 +38°。

方位角限制器的基本组小主要包括机体、轴、齿轮组、齿轮、管子、卡盘、滑轮、弹簧、微动开关、盖等（图 7.5）。

方位角限制器安装在火箭炮的回转盘上，齿轮挂住内部的圆形座圈。

射角限制器的作用是在火箭炮的起落部分接近极限角（向上 53°30）时断开高低机传动装置的电路并接通指示灯信号电路：在驾驶室区域外向下 1°30′，在驾驶室区域内向下 12°。

在 50°~50°30′ 和 12°~14°区间内，射角限制器会降低瞄准速度。

图7.5 方位角限制器

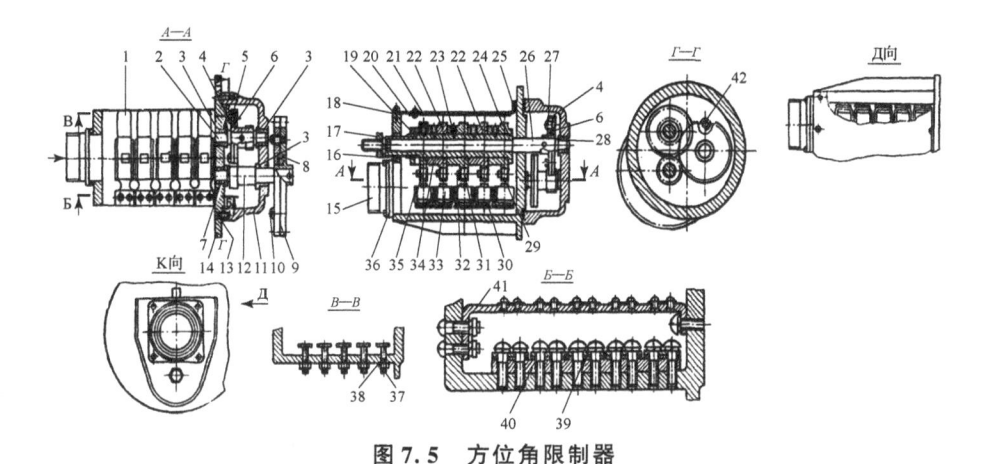

1—挂钩；2—轴；3，7，16，28—衬套；4，10，23，37，42—螺杆；5—齿轮组；6，8，29—弹簧；9，27—齿轮；11—机体；12，24—管子；13，18，25，36—密封垫；14，20—盖；15—制动片；17，19，38—螺母；21—标牌；22，34，35—卡盘；26，32—轴；30—箱；31—滑轮；33—微动开关；39—垫圈；40—平板；41—板

射角限制器的基本组件主要包括机体、轴、齿轮、齿轮组、齿轮轴、卡盘等（图7.6）。

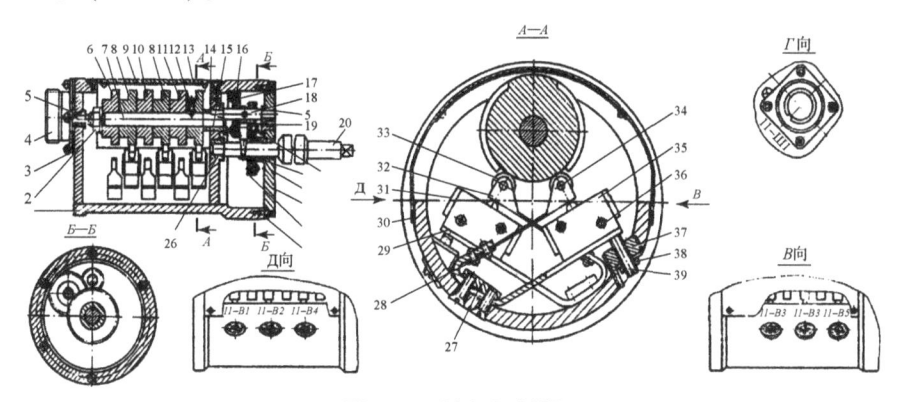

图7.6 射角限制器

1—机体；2，37，38—螺母；3，14，25—密封垫；4—插塞接头（制动片）；5，16，21，26—衬套；6，8，10，11，13—卡盘；7—齿轮轴；9—标牌；12—制动螺钉；17，39—螺钉；18，20，34—轴；19，32—弹簧；22—垫圈；23，29，30—盖；4—齿轮；27—垫板；28—平板；31—微动开关；33—滑轮；35—箱；36—接合销

方向瞄准接触组件的作用是当回转部分制动时切断电路，接通水平方向的电传动装置。

高低瞄准接触组件的作用是当起落部分制动时切断电路,接通垂直方向的电传动装置。

方向瞄准和高低瞄准接触组件结构相似。

接触组件的基本组件主要包括壳体、微动开关、杆、弹簧、支柱等(图7.7、图7.8)。

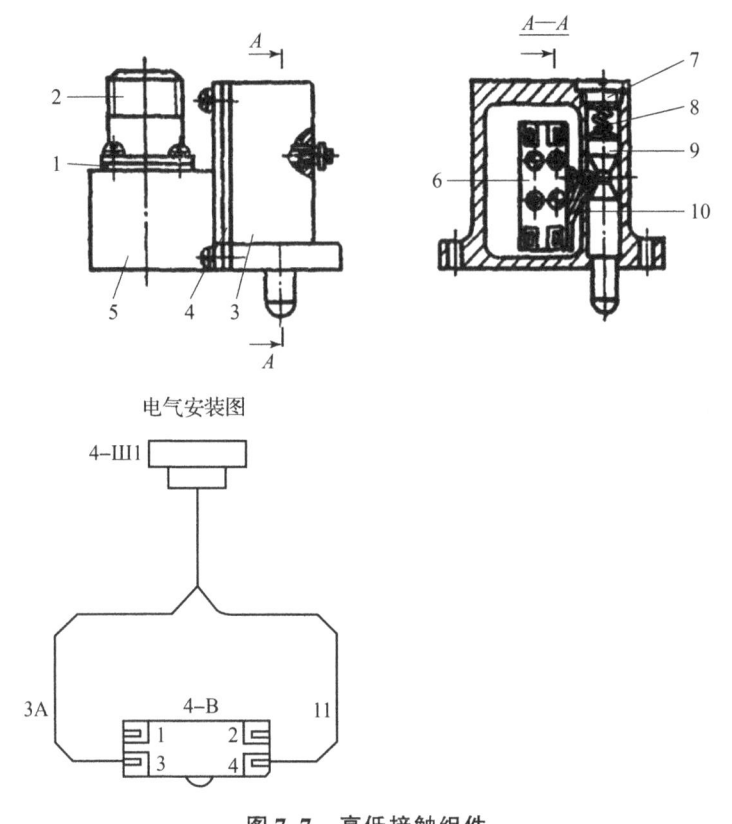

图 7.7　高低接触组件

1,4—密封垫;2—制动块;3—壳体;5—盖组件;6—微动开关;7—支柱;
8,10—弹簧;9—杆

控制箱的作用是确保电传动装置的控制和执行元件之间的通信和交互。

控制箱固定在火箭炮的回转盘上,其上分布着方向和高低机传动装置所需的元件(接触器、极化继电器、电阻器、二极管、电容器)。

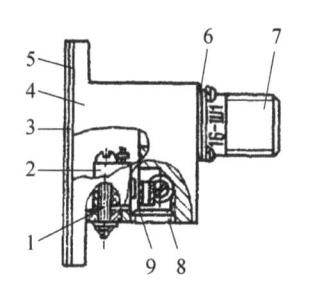

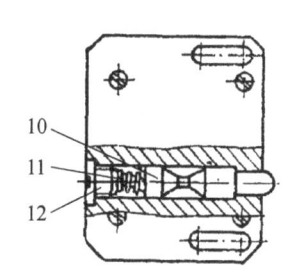

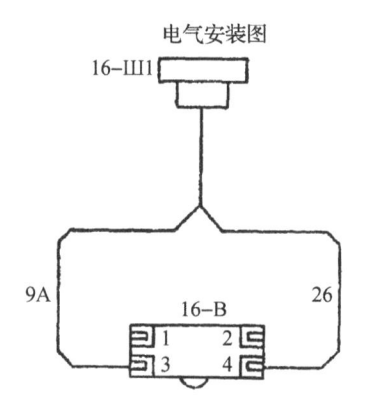

图 7.8 方向接触组件

1—螺钉；2—微动开关；3，6—密封垫；4—壳体；5—盖组件；
7—制动片；8—螺塞；9，11—弹簧；10—活塞杆；12—支柱

控制面板的作用是确保发电机/电动机放大器的接通和断开。

控制面板位于瞄准具支臂上。

控制面板上安装有如下组件（图 7.9）。

（1）3 个蓝色指示灯，用于指示自发电装置和电传动装置的接通情况。

（2）2 个红色指示灯，用于指示定向器位于驾驶室上方或外边缘的情况。

（3）2 个启动按钮：高低启动"ПУСК ВН"和方向启动"ПУСК ГН"，分别用于接通高低机的传动装置和方向机的传动装置。

（4）1 个停止按钮"СТОП"，用于断开传动装置。

（5）2 个带保险器的固定座。

图 7.9 控制面板

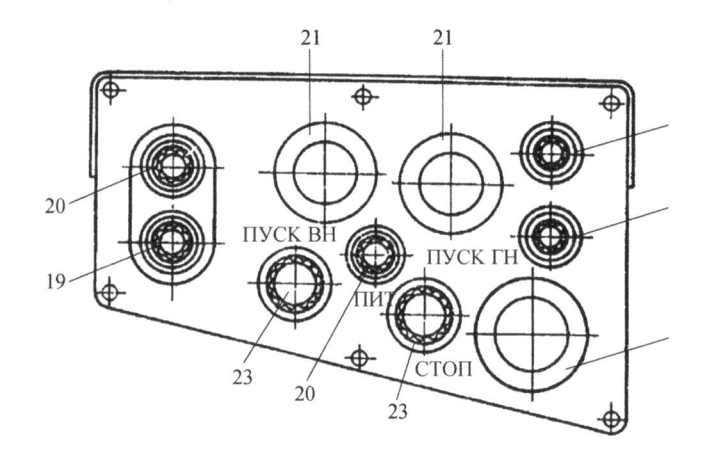

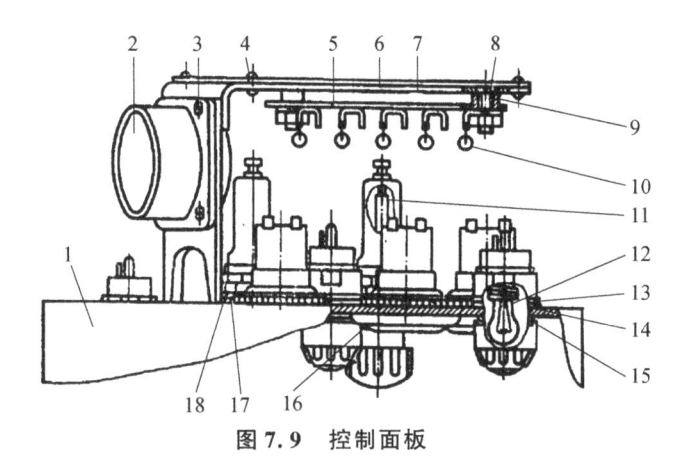

1—板；2—制动块；3，8—螺钉；4—铆钉；5—板；6—标牌；7—固定架；9—衬套；
10—电阻器；11—保险丝；12—灯泡；13—垫圈；14，15，16，17，18—密封垫；
19，20—指示灯；21，22—按钮；23—支架

操控台的作用是控制火箭炮的电传动装置。

操作台固定在瞄准具支臂上。

操控台的主要组件包括壳体、控制手柄、变阻器、手轮轴、齿弧（固定在轴上）卡盘、滑轮、弹簧等。

控制器如图 7.10 所示，手柄总成如图 7.11 所示。

电传动装置的工作原理如下。

当按下控制面板上的启动按钮时，自发电装置通过控制箱供应直流电至以下组件。

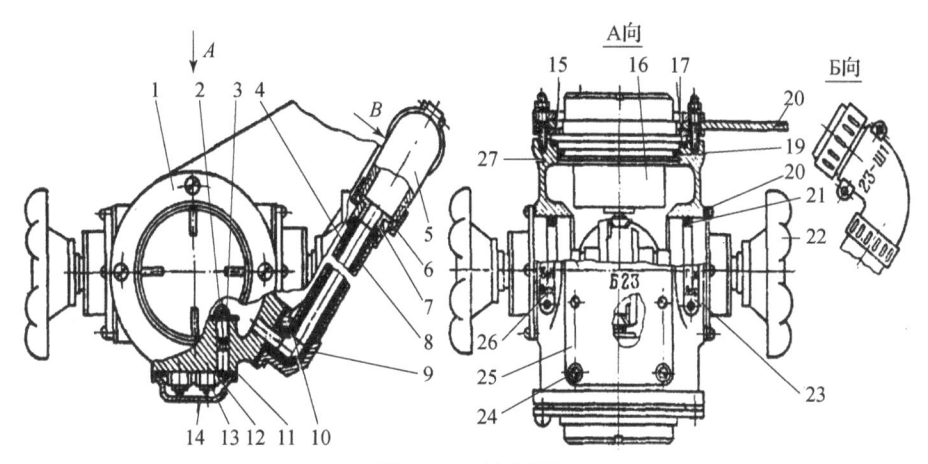

图 7.10 控制器

1，15，21—环圈；2—弹簧垫圈；3—螺杆；4—金属软管；5—插销接头（插入）；6—安装座；7—衬套；8—聚氯乙烯管道；9—转接器；10，11，17，20—密封垫；12—螺母；13—定位螺钉；14—盖子；16—变阻器；18—固定架；19—密封环；22—控制手柄；23，26—标签；24—盘状物；25—集合盖；27—壳体

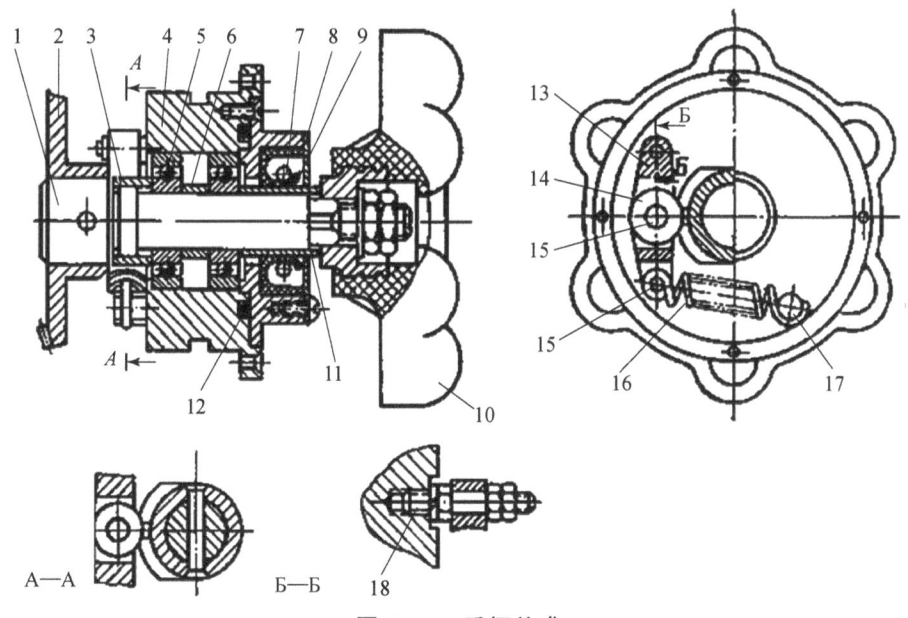

图 7.11 手柄总成

1，18—轴；2—齿弧；3—卡盘；4—法兰盘；5—轴承；6，11—衬套；7—圆形弹簧；8—盖；9—密封圈；10—手轮；12—圈；13—拉杆；14—滑轮；15—轴；16—弹簧；17—支柱

067

（1）驱动电动机。

（2）控制器变阻器。

（3）执行电动机的励磁线圈。

（4）控制面板的指示灯。

驱动电动机的电动机放大器传动装置开始工作，同时指示灯点亮。

当转动控制器的手轮时，变阻器滑片转动，变阻器输出端产生电压。

电压施加到振动放大器上，并在控制箱中 РΠ-5 极化继电器的共同作用下，使变阻器的控制电压升高。

电压从振动放大器的输出端进入电动机放大器的输入端（控制线圈），从而增大了执行电动机工作所需的功率。升高的电压进入执行电动机的电枢线圈，执行电动机开始转动，从而驱动行星齿轮减速器。

电动机转速与施加的电压成正比，而旋转方向与电压极性成正比。电压的高低和极性取决于控制器手轮的旋转角度和方向。为了确保稳定运行，应缩短加速和制动时间，确保低速平稳调炮，故电传动装置中采用了稳定装置。

复 习 题

1. 说出电传动装置的用途和组成。
2. 说出方向机和高低机传动装置的用途和组成。
3. 说出控制面板的控制开关和用途。
4. 说出操控台的用途和组成。
5. 说出控制器的用途和组成。
6. 说出方向接触组件和高低接触组件的用途和组成。
7. 说出电传动装置的工作原理。

第 8 章
发火电路

发火电路用于依次向火箭弹点火具提供电压脉冲。

发火电路确保射击时炮班乘员的操作安全、炮班乘员在火箭炮驾驶室内进行单发射击和齐射的操作安全、在距离火箭炮 60 m 开外的掩体中进行单发射击和齐射的操作安全。

9B370M 装置的战术技术性能如下。

(1) 工作温度为 -50 ~ +50℃

(2) 湿度达到 98% 时的工作温度为 +35℃

(3) 当蓄电池电压为 10.5 ~ 13.8 V 时,传输到火箭弹点火具的脉冲电流不小于 2 A。

(4) 系统质量不小于 23 kg。

发火电路的电气设备图如图 8.1 所示。

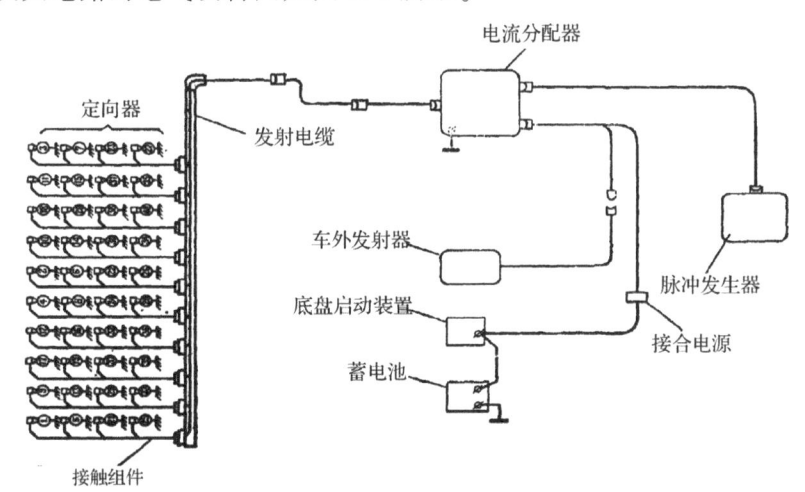

图 8.1 发火电路的电气设备图

8.1 发火电路的组成

发火电路的组成主要包括9B370M装置、电磁系统等（图8.2）。

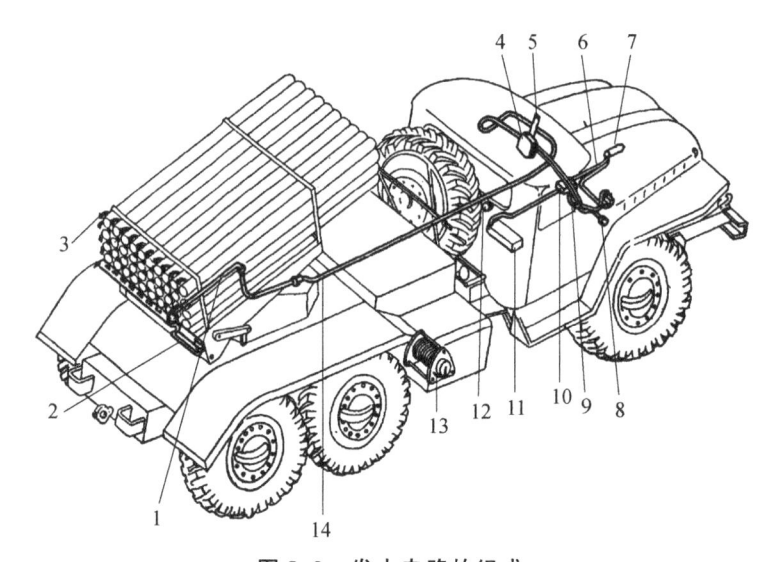

图8.2 发火电路的组成

1，8，9，14—电缆；2—发射电缆；3—接触组件；4—发火机；5—固定架；6—带木板的电源电缆；7—启动装置；10—脉冲发生器；11—蓄电池；12—开关；13—车外发射器

9B370M装置的组成主要包括脉冲发生器、发火机、车外发射器、钥匙、用于连接恒定电源的电缆、插头。

脉冲发生器的作用是给发火机电磁铁和动触点提供电压脉冲。

脉冲发生器的主要组成包括多谐振荡器、继电器组、配电板、电阻器组、电容器、板、插销接头等（图8.3）。

发火机用于射击装置，将电压脉冲分配到相应定向管内火箭弹的点火具上，指示动触点的位置。

发火机的基本组件主要包括壳体、上板、摇臂按钮、转换开关、射击装置、分配器圆盘、制逆轮、制动装置等（图8.4）。

上板容纳启动摇柄、摇臂按钮、制动装置、转换开关、转换开关按钮、带灯泡的灯座、带保险装置的支架、发火机运行检测窗口。

第8章 发火电路

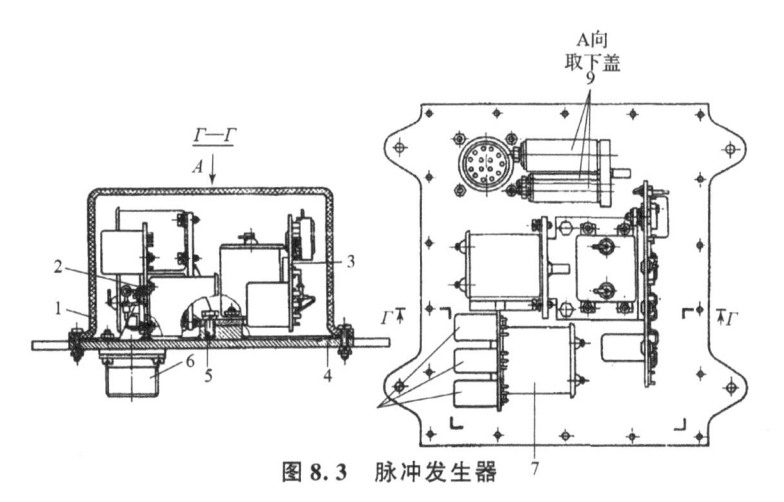

图8.3 脉冲发生器

1—盖；2，4—板；3—多谐振荡器；5—螺栓；6—插销接头；7—电容器；8—继电器组；9—电阻器组

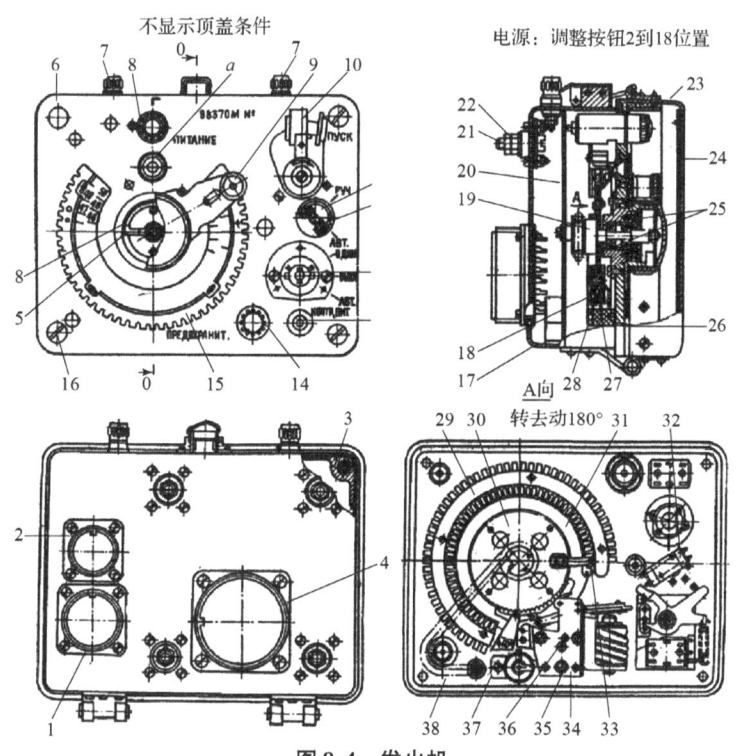

图8.4 发火机

1，2，4—插销接头（制动块）；3—角板；5—拨杆；6—上板；7—接线柱；8—卡盘；9—启动摇柄；
10—摇臂按钮；11—制动装置；12—转换开关；13—转换开关按钮；14—ДПК1-2的保险丝座；15—固定圈；
16，21，35，36—螺钉；17—壳体；18—接触点（板子上的接触点）；19—轴；20—控制板；22—螺母；
23—盖子；24—标签；25—轴承；26—圆盘；27—圆环切线；28，33—接触闸刀；29—分配器圆盘；30—制逆轮；
31—刻度；32—微型开关；34—射击装置；37—闭锁装置；38—拉力弹簧；a—检查孔；б—指针；в—平面

071

车外发射器的作用是在60 m外进行远距离遥控。

车外发射器的主要组件包括滚筒、前盖、拉紧器、带插头的电线、套筒、板、盖等（图8.5）。

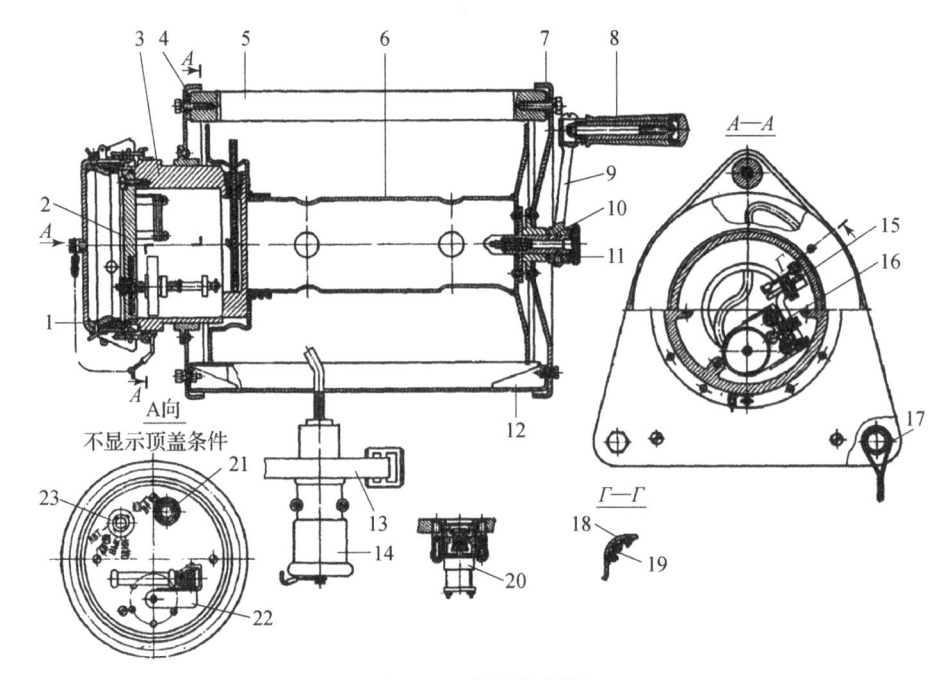

图 8.5 车外发射器

1—盖；2—板；3—套筒；4—前盖；5，12—拉紧器；6—滚筒；7，15—集合盖；8—手柄；9—拉杆；10—轴；11—定位器；13—皮带装置；14—螺塞；16—感应器；17—皮带装置；18—电缆；19—把手；20—开关；21—指示灯；22—感应器手柄；23—插孔

在套筒中安装电感线圈、开关、集合板、指示灯，用于检测远距离遥控电路的状况。

8.2 电气安装件

电气安装件的作用是实现所有发火电路部件的电连接。

电气安装件由6根电缆、40个接触组件组成。

接触组件的作用是将电压脉冲传输到弹丸点火具上。

发火电路的工作原理如下。

通过电缆提供给电流分配器电源电压，然后将电源电压传递到脉冲发生器上。

在脉冲发生器中，直流电压转换成脉冲电压，然后返回至发火机。

在发火机中，脉冲电压按照相应的通道依次进行分配，并通过电缆传递到相应的接触组件上。

8.3 使用9B370M装置射击

1. 在车内使用9B370M装置射击

使用前一定要对发火电路进行检查。按下底盘上的"маccy"按钮，按下配电器上的"控制电源"按钮，灯L1亮起，表示发火机有电压输入。

发火电路准备完毕。

要设置所需发射的火箭弹数量，将启动摇柄平移到固定圆环的相应刻度上。

当C600-10/9B370M钥匙在"АВТ"位置时，按下"Кн1"按钮，脉冲电流通过电磁线圈，射击装置将发火机的动触点依次连接到定向管接线片，从而依次为火箭弹实现电点火并发射设定的火箭弹数量。

当C600-10/9B370M钥匙在"ОДИН"位置时，表示从第一个定向器进行射击，需要转动并松开按钮两次，以确保发火机的动触点的零点触头在第一个接触片上。

2. 使用9B370M装置远程操控

使用前将遥控线盘的电缆连接到Ш2插头连接器上。

设置程序时，将启动摇柄置于固定圆环的相应刻度上。将C600-10/9B370M钥匙转动到"ОДИН"位置，旋转电感线圈手柄，产生的电压传递到接触片上。当电感线圈手柄停止转动时，电源电路被切断，动触点转移到下一个接触片上。

当C600-10/9B370M钥匙在"АВТ"位置时，旋转电感线圈手柄，通过多谐振荡器将产生的电压依次传递给定向管接触片，在发火机上设置火箭弹数量，将设定的火箭弹数量以0.5 s/发的速度进行齐射。

复 习 题

1. 说出发火电路的用途和组成。
2. 说出脉冲发生器的用途和组成。
3. 说出发火机的用途和组成。
4. 说出发火电路的检查顺序和发火机的设置程序。
5. 说出车外发射器的用途。
6. 说出在车内射击时 9В370М 装置的使用方法。
7. 说出在掩体内射击时 9В370М 装置的使用方法。

第9章

瞄准装置

瞄准装置用于火箭炮瞄准目标，主要包括Д7260-45机械瞄准具、ПГ-1М周视瞄准镜、К-1火箭炮标定器。

9.1　Д726-45瞄准具

Д7260-45机械瞄准具的主要组件包括表尺装定器、炮目高低角装定器、倾斜调整器、周视瞄准镜座筒等（图9.1）。

表尺装定器用于装定高角，主要包括蜗杆、带固定底座的分隔蜗轮、带密位分划的转轮、套筒等。

在瞄准具的底座上有用螺钉固定的分划板并标有用于概略读取表尺的刻度，刻度分划为0～12，每个刻度值为1-00。

在蜗杆的一端固定带有手柄的转轮，在转轮的轮缘处固定有密位分划环。每分划为0.5密位（0-00,5），分划示值每隔5密位为0～95。瞄准具的精度为0-00,5密位。

炮目高低角装定器用于装定高低角，主要包括蜗杆、扇形分隔蜗轮、转轮、分划环、带有概略读数的分划板、带限位的指针、高低水准器等。

倾斜调整器用于在垂直面内调整瞄准具。它采用螺杆式机构，由以下组件组成：带转螺的分隔螺杆、螺筒、带套筒的轴、弹簧、螺母、带凸耳的插头和横向水准器等。

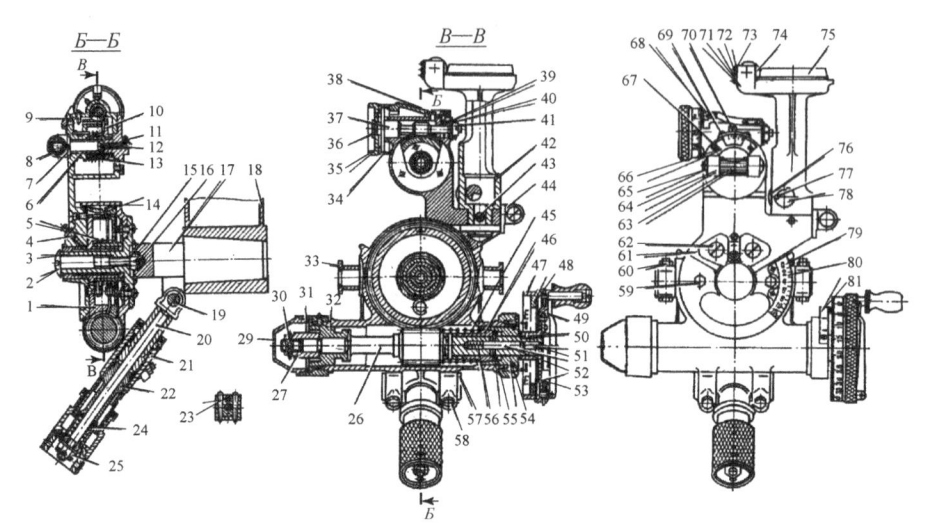

图 9.1　Д7260-45 机械瞄准具

1—蜗轮；2,12,58,59,60—螺栓；3—偏心轮轴；4—润滑器；5,13,24,39,45,56,73—弹簧；6,19—轴；7—高低水准器；8—水平心轴；9—限制器；10—扇形分隔蜗轮；11,36,38,62,67,69,72—螺钉；14—瞄准盒；15,21,25,41—螺母；16—开口销；17—插头；18—支架；20—带套管的插头；22—分隔螺杆；23—锥形销；26—蜗杆；27,33,57—衬套；29—盖；30,40,43,55,77—接合销；31—密封垫；32,54—轴承；34,47—密封圈；35,53—手轮；37—蜗轮；42—瞄准具座筒；44—横向水平器；46—锥形面；48—压力环；49—止动杆；50—轴键；51—推杆；52—螺杆；61—底座；63—水平盖；64—套管；65—螺塞；66—薄板；68,70,79,81—指示针；71—凸座；74—压紧螺钉；75—锥形支撑；76—手柄；78—门；80—特形木板

Д7260-45 机械瞄准具的主要战术技术性能如下。

（1）表尺装定的范围为 0~12-00。

（2）炮目高低角为 +4-00~-2-00。

（3）横倾范围为 ±6°。

（4）表尺分划值的概略读数为 1-00，精确读数为 0-00,5。

（5）炮目高低角分划值的概略读数为 1-00，精确读数为 0-01。

质量（不含插座）为 11.5 kg。

周视瞄准镜座筒的作用是将周视瞄准镜安装到瞄准具上。周视瞄准镜座筒有安装周视瞄准镜安装的锥形支撑、目镜出口窗、周视瞄准镜止脱用压紧螺杆和锁键。将周视瞄准镜放置在周视瞄准镜座筒上，将锁紧手柄按顺时针方向旋转到限位处，将周视瞄准镜安装到锥形支撑上并松开解脱子。

分划刻度为 0 – 01，分度数为 100，0 ~ 90 每 10 个分划标一个数字。

概略刻度值区间为 28 ~ 34，每个刻度值为 1 – 00。

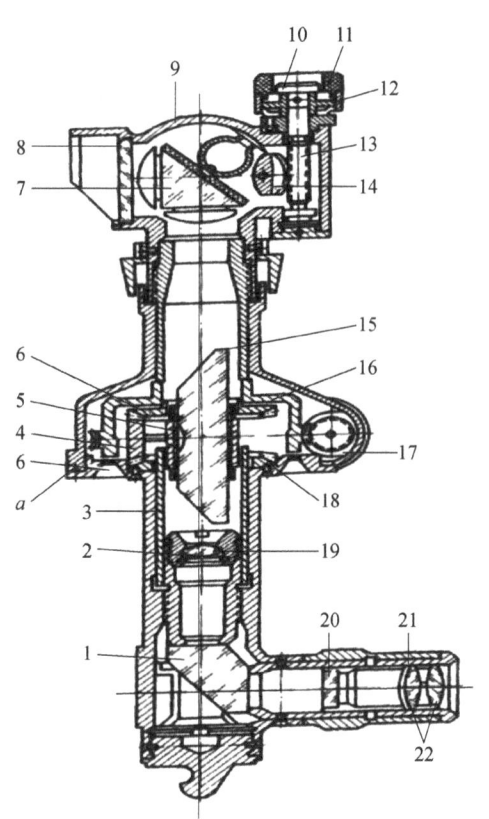

9.2　ПГ – 1M 周视瞄准镜

ПГ – 1M 周视瞄准镜用于火箭炮在水平面内瞄准目标。

从外观上看，周视瞄准镜是一个弯管，由固定部分和回转头组成（图 9.2）。

图 9.2　ПГ – 1M 周视瞄准镜

1—屋脊式棱镜；2—物镜轴；3—导向圆筒；4—中间锥齿轮；5—轴承圈；6—锥齿轮；
7—反光棱镜；8—安全玻璃；9—反射圈；10—螺母；11—圆螺；12—圆圈；13—蜗杆；
14—扇形蜗轮；15—转向棱镜；16—蜗轮；17—方向角蜗杆；18—固定锥齿轮；19—物镜；
20—十字线分划板；21—接目镜轴套；22—目镜；a—挡板；6—斜槽

在下方固定部分有目镜、蜗杆和在座筒上固定周视瞄准镜用挂钩，在外升部分安装了方向角机构和回转装置。回转头由反光镜和瞄准具组成。周视瞄准镜的光学系统包括反光棱镜、转向棱镜、物镜、屋脊式棱镜和目镜。

ПГ-1M周视瞄准镜的光学性能如下。

（1）放大倍率为4。

（2）视界为10°。

（3）出瞳直径为4 mm。

（4）出瞳距离约为20 mm。

周视瞄准镜分划刻在插入目镜的玻璃板上，由十字交叉线、中心立标、方向修正分划和专用分划组成。专用分划用于标定器标定，使用标定器可替代远方的瞄准点。专用分划有74个分度，对应标定器分划的垂直线。位于十字交叉垂直线的右侧刻度用字母标示，左侧刻度用数字标示。十字交叉水平线中心角的右侧和左侧标记了4个方向修正分划。每条线的刻度值为5密位（0-05）。

9.3　K-1火箭炮标定器

当火箭炮无远方点或瞄准点能见度不良时（夜间射击、烟雾遮挡、炮阵地位于树林或灌木丛中等），火箭炮标定器用作火箭炮方向瞄准点。

K-1火箭炮标定器由本体、镜头、分划、水准器、瞄准具、球轴头、反光镜、固定架、带线缆的照明灯、插头、镜头筒和反光镜等组成（图9.3）。

K-1火箭炮标定器的光学系统由多透镜组成，包括所有透镜、板、防护玻璃和反光镜。火箭炮标定器分划有76个垂直刻度，分划右半侧的刻度线用字母标记（А、Б、В等），左半侧刻度线用数字标记。

火箭炮标定器的基本光学和结构性能如下。

（1）视界为10°。

（2）出瞳直径为48 mm。

（3）至周视瞄准镜的适当距离为6~8 m。

（4）分划在水平轴上的标记数为 76。

（5）分划和周视瞄准镜的专用分划的刻度值为 7.8′(0-02,2)。

（6）质量为 1.3 kg。

①带包装箱时质量为 2.4 kg。

②带三脚架时质量为 3.5 kg。

三脚架用于将 K-1 火箭炮标定器安装在炮阵地，将 K-1 火箭炮标定器球轴头安装在三脚架球轴室中，并用杆和夹紧螺杆固定（图 9.3）。

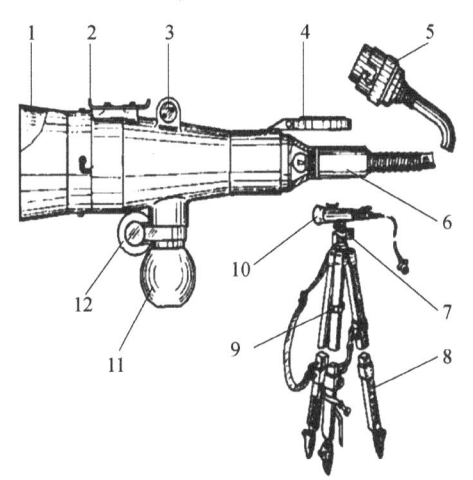

图 9.3　K-1 火箭炮标定器

1—镜头筒；2—瞄准具；3—水准器；4—反光镜；5—插头；6—灯泡座；7—固定螺杆；
8—三脚架；9—把手；10—K-1 火箭炮标定器；11—球轴头；12—转螺

复　习　题

1. 说出瞄准装置的用途和组成。
2. 说出表尺装定器的用途和组成。
3. 说出炮目高低角装定器的用途和组成。
4. 说出ПГ-1М周视瞄准镜的用途和组成。
5. 说出ПГ-1М周视瞄准镜的战术技术性能。
6. K-1 火箭炮标定器的用途和基本战术技术性能。

第10章

辅助电气设备和无线电设备

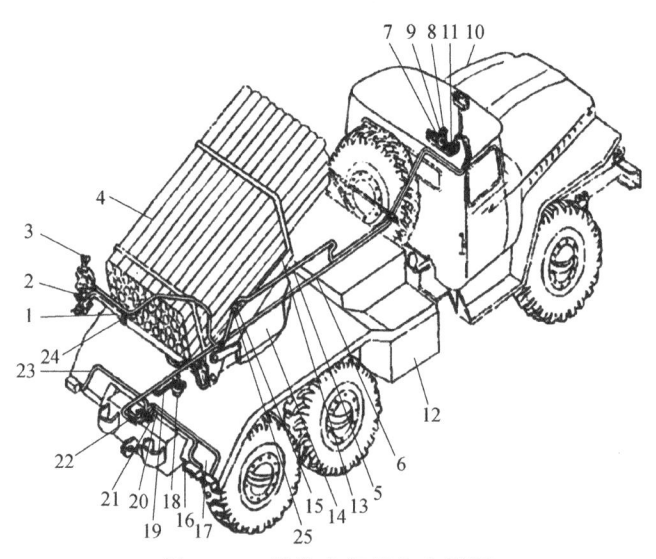

10.1 辅助电气设备

辅助电气设备布置图如图10.1所示。

图10.1 辅助电气设备布置图

1—瞄准装置支臂；2—照明具；3—瞄准具；4—定向器；5—16号电缆；6，20，23—电缆总成；
7—光信号按钮；8—保险装置；9—底盘点火锁；10—前模块；11—支臂；12—箱子；13—摇架；
14—回转体；15—接插头；16—后模块；17—电缆；18—车灯；19—导线；
21—接线板；22—底盘导线；24—17号电缆；25—插座

辅助电气设备用于火箭炮的光信号、底盘照明和瞄准装置。

辅助电气设备由底盘蓄电池组供电。

辅助电气设备主要包括信号控制按钮、"光束"-C71M 照明具、带接线板的支臂、"光束"-C71M 照明具和车灯的开关、车灯、"光束"-C71M 照明具插座和电装组件。

在驾驶室设有 3 个信号控制按钮、带接线板的支臂组件、"光束"-C71M 照明具和车灯的开关。

底盘驾驶室的左、右两边分布着两个信号区（图 10.2）。

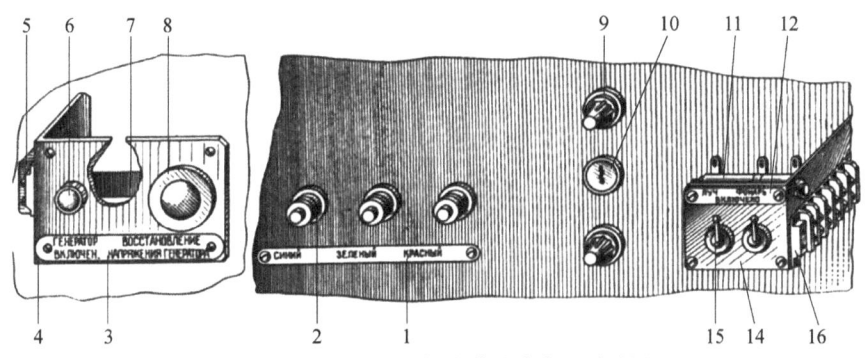

图 10.2　底盘驾驶室内的辅助电气设备操控区

车灯固定在驾驶室内的横梁角处，而"光束"-C71M 照明具连接插座安装在火箭炮瞄准装置支臂上。

10.2　无线电设备

用于通信的无线电设备主要由 Р-108М 无线电台和带 БП-150 蓄电池组的УМ-3 功率放大器组成。

Р-108М 无线电台是便携背负式、支持超短波频道、带调频电话、可远程控制和转发的收发电台，用于在无线网络中进行保密、无干扰通信（图 10.3）。

Р-108М 无线电台的工作频率为 28.0～36.5 MHz。在任何时段、频段，蓄电池电压为 4.4～5.2 V 的条件下，保证该电台在崎岖不平和树木茂密地区可与同类型电台进行可靠的双向无线通信的距离如下：

图 10.3　Р-108М 无线电台

（1）在行军过程中使用 1.5 m 高的柔性鞭状天线，或在地上使用带地网的鞭状天线工作时为 6 km。

（2）在驻扎地用带地网的 2.7 m 高组合天线工作时为 10 km。

（3）在驻扎地装备有离地 1 m 高的定向天线工作时为 15 km。

（4）在电台定向天线抬高离地 5~6 m 工作时为 25 km；

（5）在纵深不大于 3 m 且遮盖厚不小于 1 m 的掩体内用定向天线工作时为 15 km；

（6）通过 TA-57 电话机从发出点用长度不超过 500 m 的双线野外用电缆与无线电台连接，使用 2.7 m 高的组合天线工作时不小于 10 km（对于 П-105 M 则不小于 8 km），使用离地 1 m 的定向天线时不小于 15 km，离地 5-6 m 高时不小于 25 km。

在这种情况下，P-108M 无线电台从接收到发送的转换和通信都可以直接通过电话进行。

P-108M 无线电台的天线装置包括以下类型：

（1）1.5 m 高的柔性鞭状天线（使用 3 个波段进行调谐）。

（2）组合天线，由柔性鞭状天线和 6 个弯头组成（天线总高度为 2.7 m），使用 5 个波段进行调谐——用于在驻扎地工作。

（3）车载天线，由组合鞭状天线、带减振的在车箱侧板上固定天线的专用支臂和长为 1 m 的连接线组成，适合在行车过程中使用。

（4）定向天线，定向作用长 40 m，距地 1 m 高——用于增大通信距离和在掩体中使用。

（5）加高天线，由 40 m 长的定向天线组成，置于电台处离地 5~6 m 高，地线端逐渐下降指向通信员——用于增大通信距离和在掩体中使用。

УМ-3 功率放大器用于增强 P-105M、P-108M、P-109M 等无线电台以及 P-105D、P-108D 和 P-109D 等旧型号无线电台的输出功率。УМ-3 功率放大器装在 ГУ-50 型灯具上，其电源电压为 12 V，输出功率不小于 50 W。

P-108M 无线电台的开机和调试顺序在其前板的内盖上已注明。

10.3 "光束" – C71M 照明具

照明具是电气辅助设备的组成部分，用于在不良能见度和夜间条件下为瞄准装置、炮长工作地和引信（信管）装定等照明。"光束" – C71M 照明具由 4 个蓄电池组、瞄准具和周视瞄准镜照明具、炮长工作地照明具、装定手照明具及仪器箱照明具等组成（图10.4）。

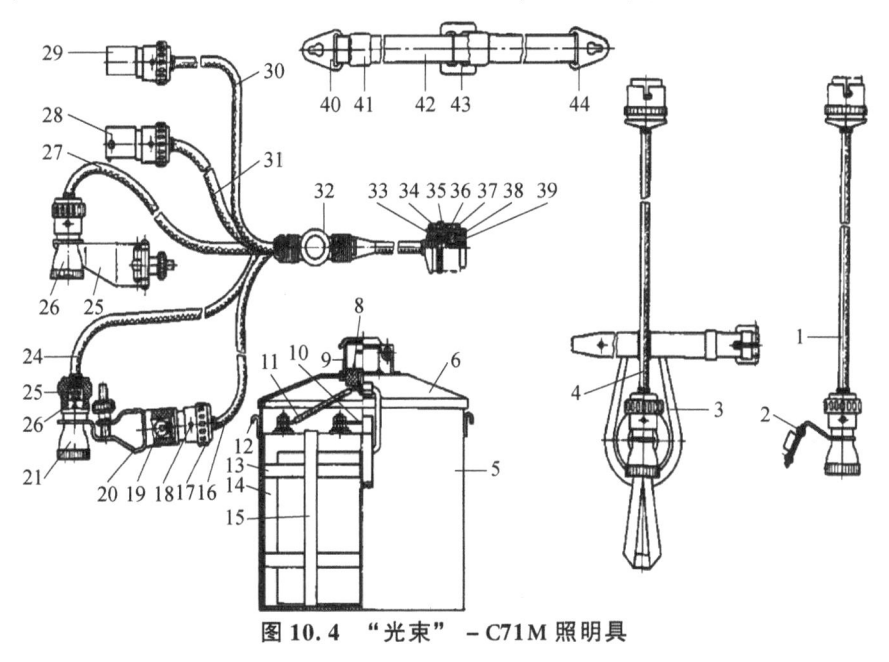

图 10.4 "光束" – C71M 照明具

复 习 题

1. 说出电气辅助设备的用途和组成。
2. 绘制辅助设备布置图。
3. 说出 P – 108 无线电台的主要战术技术性能及其所用的天线种类。
4. 说出 "光束"—C71M 照明具的用途和组成。

第 11 章

М-21ОФ 火箭弹

М-21ОФ 火箭弹用 БМ-21 火箭炮发射，用于杀伤敌方有生力量和压制火力点，其组件如下（图 11.1）。

（1）战斗部。
（2）火箭部。
（3）引信。

图 11.1　М-21ОФ 火箭弹总体外形

1—引信；2—战斗部；3—火箭部

11.1　战斗部

战斗部用于杀伤敌方有生力量和摧毁技术装备，其组件如下（图 11.2）。

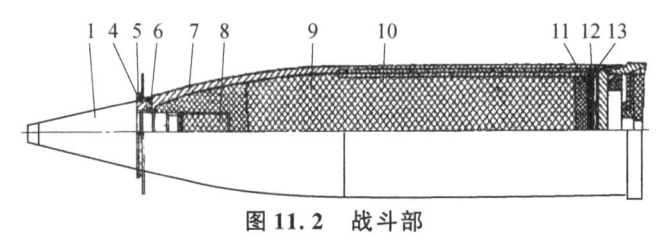

图 11.2　战斗部

1—引信；4—大（小）阻力环；5—弹簧；6—螺钉；7—壳体；8—起爆药柱；9—炸药装药；
10—破片筒；11—垫片；12—中间挡药板；13—挡板；14—塞盖

(1) 战斗部壳体。

(2) 带起爆药柱的炸药装药。

战斗部壳体圆柱部分有用于与火箭部壳体连接的内螺纹。用于防炸药免受损坏的挡板拧在战斗部壳体内。在炸药装药和挡板之间配有垫片和中间挡药板。

壳体尖头部分有一个圆柱形沟槽，其上套有带弹簧的阻力环（大环或者小环，按外径区分）。

小阻力环可用于提高射程在 12~15.9 km 内的射击密集度，而大阻力环则用于提高射程在 12 km 以下的射击密集度。

战斗部的工作原理如下：当火箭弹与障碍物相撞时，引信发出的起爆脉冲传递给起爆药柱和炸药装药，或在未放置起爆药柱时直接传递给炸药装药，战斗部发生爆炸。

11.2 火箭部

火箭部用于赋予火箭弹向前运动的动力，推动战斗部飞向目标。

火箭部的其组成部分包括火药装药和火箭部壳体等（图 11.3）。

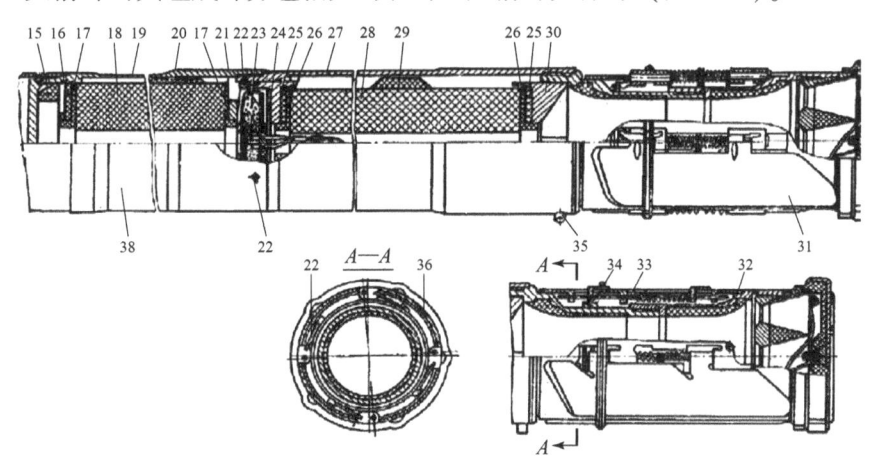

图 11.3 火箭部

15—衬垫；16—垫圈；17，26—贴片；18—前装药药柱；19—前管；20，29—卡爪；
21—中间挡药板；22—紧定螺钉；23—点火具；24—支架；25—垫圈；27—尾管；
28—后装药药柱；30—尾板；31—稳定装置组件；32—整流管；33—轴线；
34—固定环；35—定向钮；36—翼片；37—同步环；38－火箭部壳体

火药装药的作用是利用火药燃气能量赋予火箭弹需要的速度。

装药置于火箭部壳体内，由两个圆柱形药柱组成：前装药药柱、带有中心通道的后装药药柱。

前、后装药被中间挡药板和支架隔开，二者之间有密封点火具。

点火具有两个电点火头（图 11.4），其触点延伸到点火具壳体后面，并连接到两根导线上，导线穿过后装药药柱中心通道和喷管盖的中心孔（图 11.5），与触点螺钉相连。

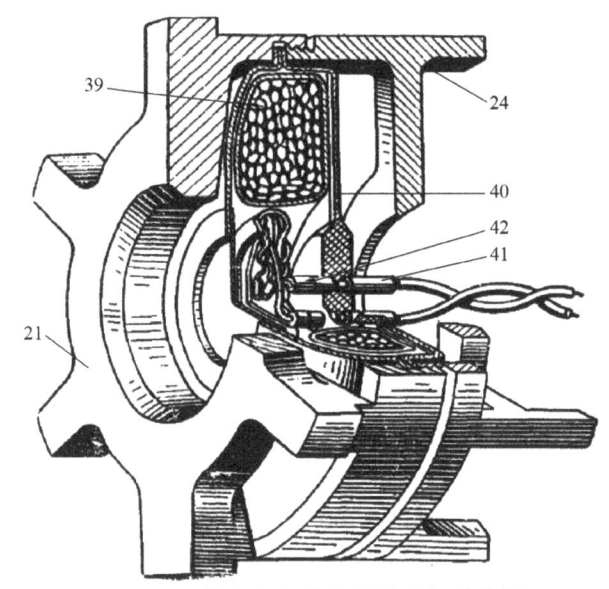

图 11.4 带支架和点火具的中间挡药板

21—中间挡药板；24—支架；39—发烟火药；40—点火具壳体；41—触点；42—电点火头

火箭部壳体用于容纳火药装药和保证飞行稳定性，其组件如下。

（1）前管。

（2）尾管。

（3）稳定装置组件，其组件如下（图 11.5）。

①尾板。

②前锥和后锥。

③卡环。

④喷管盖。

⑤带卡爪的整流管。

⑥4个稳定翼片。

⑦接触盖。

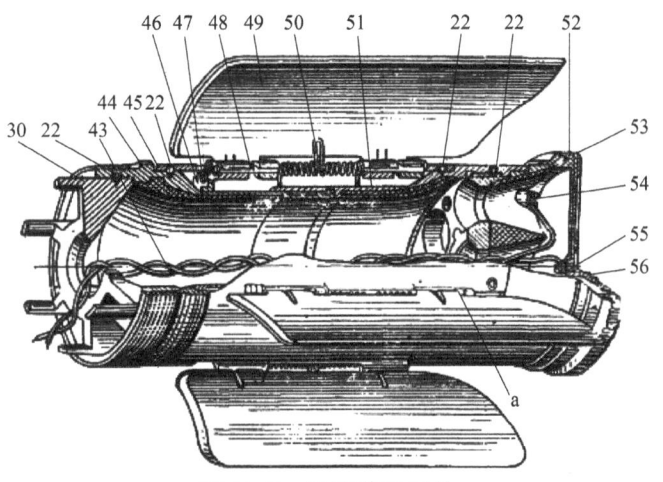

图 11.5　稳定装置组件

22—紧定螺钉；30—尾板；43—导线；44—前锥；45—整流管；46—同步环；47—螺钉；48—轴；49—稳定翼片；50—弹簧；51—后锥；52—接触弧；53—喷管盖；54—接触螺钉；56—接触盖；a—沟槽

火箭部的工作原理如下：通过火箭炮的触点向火箭弹的接触弧提供电流脉冲，触发电点火头，引燃有烟火药，继而点燃火药装药，产生的气体冲破接触盖，火药燃气开始通过喷管流出。

当反作用力达到一定值（6 000～8 000 N）时，定向钮脱离火箭炮定向器闭锁挡弹装置，火箭弹开始运动。

由于翼片保持闭合状态时的环外径大于火箭炮定向管内径，所以当火箭弹向前发生运动时，固定环仍留在定向管尾部。

在火箭弹飞行时，稳定翼片在弹簧的作用下展开，并进入沟槽内。

为了确保火箭弹在弹道上做旋转运动，稳定翼片与火箭弹轴线保持一定夹角。

11.3　MPB-Y 和 MPB 引信

MPB-Y 和 MPB 引信用于在火箭弹和障碍物相遇时，向战斗部的炸药装药传递初始冲量。

MPB-У机械反作用通用引信和MPB机械反作用引信是弹头、触发、远距离解除保险的引信（图11.6）。MPB-У引信在火箭部工作停止后解除保险，而MPB引信在距火箭炮150~450 m的距离内解除保险。

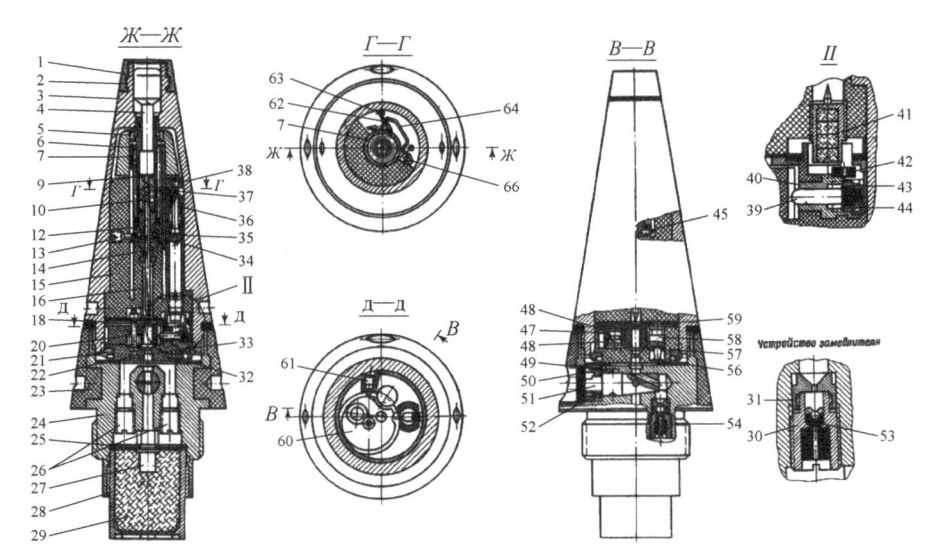

图 11.6 引信结构

1—防护帽；2—引信；3—壳体；4—针杆；5—平衡体；6—弹簧；7，23—套筒；9，36—弹簧；10—平衡体轴；12，15，30，32，40，43—衬套；13，45—销；14—衬垫；16—击针；18—挡圈；20—回转簧；21—环；22，63，65—轴；24—衬套体；25，56，59—垫片；26—长延期元件；27—雷管；28—传爆管；29—传爆药；31—调节套；33—帽；34—点火帽；35—钢珠；37—钢珠；38—撞针；39，61—固定销；41—撞针；42—火药柱；44—筒；46—轴套；47—点火具；48，60—圆盘；49—球；50—螺母；51—转换栓；52—小环；53—火药装药；54—短延期元件；57—弹簧；58—柱塞；62—小杠杆；64—大杠杆

引信有3种装定模式。

(1) 瞬发模式（"O"）。

(2) 短延期爆炸模式（"M"）。

(3) 长延期爆炸模式（"Б"）。

通过回转转换栓，可以将引信装定为指定模式。引信出厂设置为瞬发模式。

反作用发火机构用于在火箭弹与障碍物相撞时撞击火帽,由击针杆、击针和弹簧等组成(图11.7)。

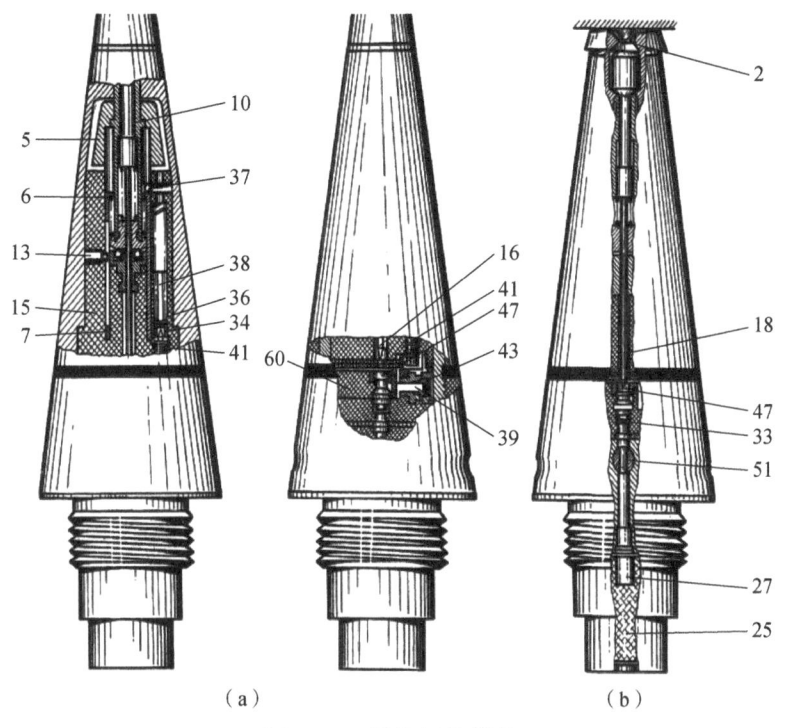

图11.7 引信元件详情

(a) 发射和飞行时;(b) 遇到障碍物时。

2—膜片;4,36—弹簧;5—平衡体;7,43—套筒;10—平衡轴;13—销;15—套筒;16,41—击针;27—雷管;29—传爆药;33—帽;34,47—点火帽;37—球;38—撞针;39—固定销;51—转换栓;60—圆盘

保险-解保机构确保引信在勤务处理中的安全性,其由带弹簧的套筒、平衡体、平衡体轴和带销的套筒组成。

套筒有两个槽:一个是嵌入销的曲折槽,另一个是嵌入销的直线槽。销先拧入套筒。平衡组件以放置在衬垫开槽中的钢珠为支撑。

点火机构用于点燃远距离解保组件的烟火延期元件,由一个触发装置和一个点火机构本身组成。触发装置由大杠杆和小杠杆两个杠杆组成,二者可以在轴上自由转动。

小杠杆顶在套筒上,而大杠杆顶在小杠杆上。钢珠位于撞针的铣切槽

和大杠杆的凹槽中。

点火机构本身由撞针、点火帽、弹簧和击针组成。

远距离解保组件由烟火延期元件和火药保险器两部分组成。

烟火延期元件由压入击针的烟火药剂组成。击针被拧入套筒。

火药保险器由带压装火药的套筒和固定销组成。

保险器被拧入套筒。在套筒的沟槽中放置火药柱，以增强从延期元件到保险器的火焰威力。在套筒沟槽中套入闭气筒。

转盘组件用于确保引信在勤务处理中，即当火帽相对于击针移动时的安全性，其由圆盘和点火帽组成。

将圆盘置于套筒中，用撑在火药保险器上的固定销固定。圆盘在轴上靠放置在衬套和圆盘沟槽中的弹簧驱动回转。固定销用于将圆盘锁定在战斗状态。

在套筒沟槽中套入闭气帽。

防触发装置用于在勤务处理中火药保险器碎裂或火箭发动机非正常工作时火箭弹可能落入己方部队位置的情况下，保证引信未解除保险而失效。

该装置由放置在套筒中的柱塞和弹簧组成。

烟火延期元件装定装置由固定在套筒中的转换栓和螺母本体组成。转换栓的转动受钢珠限制。转换栓上有两个孔：一个是直孔，另一个是斜孔。转换栓头部端面刻有箭头，而在引信套筒上有"О""М""Б"3个标志，分别对应引信的瞬发、短延期爆炸、长延期爆炸3种装定模式。在火箭弹出厂时，引信装定为"О"。

3个烟火延期元件装定装置都由带火药装药的衬套和调节套组成。

爆炸组件由装传爆药的传爆管和雷管组成。在衬套体、衬套和传爆管之间放置两个垫片。

引信壳体上方压有膜片。为了防止膜片被意外损坏，在膜片外有防护帽。

在套筒的锥形部分外面有两个钥匙孔，用于将引信拧入火箭弹的螺纹孔。

在勤务处理中，撞针由位于大杠杆沟槽中的钢珠制动而不撞向击针。

后者通过撑在套筒上的小杠杆制动而不绕轴回转。圆盘由远距离解保组件火药保险器的固定销制动。

引信的工作原理如下。

在发射和飞行时，套筒在火箭弹直线加速运动惯性力的作用下压缩弹簧，并借销沿直线槽滑动，降到最低位置。由此套筒借压入衬套的销沿曲折槽滑动，迫使平衡体进行往复摆动。

在套筒下降后，小杠杆绕轴转动并解脱大杠杆。后者绕轴旋转，释放钢珠。受压弹簧将钢珠从撞针的槽中推出。带点火帽的撞针在弹簧的作用下推向击针，由此击针刺向火帽。点火帽火力点燃了远距解保组件中烟火延期元件的烟火剂。烟火药剂燃烧完毕，火力通过火药柱传至压入套筒的火药保险器。

在火药保险器燃烧后，在弹簧力的作用下，圆盘固定销移回原位，并解脱圆盘。此时，柱塞在惯性力的作用下压缩弹簧，处于低位。圆盘在弹簧的作用下绕轴转动至由固定销限位。此时，点火帽置于击针对面，引信解保。点火帽由具有足够大阻力的弹簧保险以防撞击。

与障碍物相撞时，膜片发生破裂。击针与点火帽接触。来自点火帽的火光烧穿帽或直接传递（装定为瞬发模式时），或通过转换栓上的斜孔和短延期元件（装定为短延期爆炸模式时）传递，或通过两个彼此备用的长延期元件（设置为长延期爆炸模式时）传递给点火帽。

点火帽爆炸时将雷管引爆，传递给火箭弹的炸药装药，火箭弹爆炸。

复 习 题

1. 说出 M-21OФ 火箭弹战斗部的用途和结构。
2. 说出 PCM-21OФ 火箭弹火箭部和火箭部壳体的用途与组成部分。
3. 说出 MPB-У 引信的用途和结构。
4. 说出 MPB 引信在发射和飞行时的工作原理。
5. 说出引信遇到障碍物时的作用过程。

第 12 章
2T254 运弹（运输）车

2T254 运弹车是一种配备灭火器，且在其平台上安装一整套 9Ф37 火箭弹架的汽车，可用于运输 М - 21ОФ 火箭弹、给БМ - 21 火箭炮供弹，必要时还可用装载在车上的弹架储存火箭弹（图 12.1）。火箭弹的装载和安装都在底盘平台上的弹架中进行每个弹架上可呈梯形叠放 1 ~20 发火箭弹。

图 12.1　以乌拉尔 - 4320[①]型卡车为平台的 2T254 运弹车

一套不带弹的火箭弹架质量为 320 kg。9Ф37 火箭弹架包括左/右弹架结构、支臂、文件包、弹架套和固定件。弹架相互挨着被放置在车辆平台上，可拆卸侧板对着卡车后板。9Ф37 火箭弹架为铝合金焊接结构，其中部有两个带橡胶垫的托架，第一排火箭弹放在托架上。在托架支撑柱对面有两个紧定器，用于装弹后紧固链条。在装车时，每发火箭弹用接触盖撑

---

① Дмитрий Деревянкин. 2012. www.dishmodels.ru；Мотовилихинские заводы. http://mz-perm.ru/products/26/535/.

在粘有橡胶垫的角钢中。在这种情况下，为了保护战斗部在运输过程中免受撞击，每个火箭弹架的可拆卸护板与引信之间的间隙应不小于 20 mm。

2T254 运弹车以乌拉尔 – 4320 型卡车为平台安装了一套 9Ф37 火箭弹架。当然，也可以使用其他型号的底盘。2T254 运弹车的技术性能见表 12.1。

表 12.1 2T254 运弹车的技术性能

技术性能指标	数据
运弹数量/发	
— 9М22У 火箭弹	60
— 9М28Ф 火箭弹	72
在弹架上	40（2 × 20）
外形尺寸/mm	
— 长度	7 380
— 宽度	2 500
— 高度	2 925
离地间隙/mm	400
最大负载质量/kg	5 000
质量/kg：	
— 满载	≤13 625
— 整套弹架	495（325）
前轴负载/kg	≤4 635
平衡肘负载/kg	≤8 990
最大行驶速度/(km·h^{-1})	75
最大涉水深/mm	1 500
60 km/h 车速下的油耗/[L·(100 km)$^{-1}$]	29
60 km/h 车速油耗下的续驶里程/km	990
油箱容量/L	210 + 60

复 习 题

1. 说 2T254 运弹车的用途和 9Ф37 火箭弹架的结构。
2. 说出 2T254 运弹车的战术技术性能。

第 13 章
备件、工具和附件（备附具）

备附具用于分解和结合组件和装置，更换故障零件和组件，以及对火箭炮进行技术维护保养。

备附具按其组成可分为以下几类。

（1）1号单套备附具（随火箭炮携带），用于炮班排除故障和对火箭炮进行技术维护。

（2）2号组套备附具，用于补充1号单套备附具，及在部队流动修理厂对火箭炮进行维修和技术维护。

（3）3号维修套备附具，用于补充1号单套备附具和2号组套备附具，及在基地和仓库对火箭炮进行中修和大修。

工具及附件的用途如下。

1. 工具的用途

采用汽车底盘通用扳手、专用扳手和工具套装，排除底盘故障，进行组件拆装和技术维护，当然也用于火箭炮整车。

2. 附件的用途

（1）炮刷与擦炮杆一起用于火箭炮定向管的清洁和涂油。

（2）闭锁检测器用于确定闭锁挡弹装置的闭锁力。

（3）耳轴拆卸器用于从回转体上拆卸摇架时取出耳轴。

（4）退弹器用于退弹及取出定向管上的闭锁挡弹装置。

（5）槽刷用于定向管螺旋槽的清洁和涂油。

（6）万用表用于检查火箭炮的射击电路。

（7）瞄准零线检查管用于检查瞄准装置的瞄准线。

（8）指示灯与标杆在夜间条件下一起用作瞄准点。

（9）带沟槽的圆盘用于检查手传动手轮力及高低机和方向机联轴器的打滑力矩。

（10）测力计与圆盘一起用于检查传动手轮力及高低机和方向机联轴器的打滑力矩。

（11）炮衣用于抵御灰尘、泥土和大气降水对火箭炮的影响。

（12）定向管检查样柱与杆用于检查定向管的内径。

（13）К-1机械象限仪用于检查瞄准具读数的正确性。

（14）水准仪用于规正瞄准装置。

（15）ЭМ-2М电喇叭用作发射阵地的通信工具。

（16）ПНВ-57Е夜视仪用于帮助驾驶员在夜间条件下驾驶火箭炮。

（17）М4100/3兆欧表用于测量大电阻和电路绝缘电阻。

（18）图板用于记录射击数据。

（19）手柄用于手动锁定和解锁火箭炮起落部分和回转部分的固定器。

复 习 题

1. 说出备附具的组成分类。
2. 说出1号单套备附具中的工具。
3. 说出1号单套备附具中的附件。
4. 说出带沟槽的圆盘的用途及其使用程序。
5. 说出К-1机械象限仪的用途。
6. 说出闭锁检测器的用途。

第 14 章
火箭炮状态转换

14.1 火箭炮由行军状态转换为战斗状态

将火箭炮由行军状态转换为战斗状态的步骤如下。
（1）将火箭炮停在发射阵地，并拉起手刹。
（2）脱下火箭炮炮衣并将其放在车下。
（3）将瞄准装置的支臂从行军状态转换到战斗状态，并将其锁好。
（4）取下瞄准具防护套并将其放入驾驶室。
（5）将车轮轮胎气压在必要时调至 3.2 个标准大气压，气瓶中气压达到 6 个标准大气压。
（6）在固定器拉杆解脱后，松开取力器接合杠杆。
（7）将二通阀的手柄置于战斗状态时，应解锁起落部分和回转部分，并使弹簧闭锁器处于锁定状态。
注意：如果没有解锁起落部分和回转部分，则必须正反向摇动手传动手轮，使固定器动作。
（8）将周视瞄准镜装入周视瞄准镜座筒，并用紧定螺钉锁定。
（9）在夜间和能见度不良的情况下，准备"光束"－C71M 照明具。

14.2 火箭炮由战斗状态转换为行军状态

为了将火箭炮从战斗状态转换为行军状态，必须做好以下事项。

（1）将定向器置于方向角为0°的行军状态，将高低角降至限位器处。

（2）将两通阀手柄置于行军状态，此时应固定起落部分和回转部分，并关闭弹簧式闭锁挡弹装置。

（3）将瞄准装置归零；

（4）从周视瞄准镜座中取出周视镜并将其放入备附具箱。

（5）套上瞄准具套，将瞄准具支臂转到行军状态并锁定。

（6）给火箭炮穿上炮衣。

第 15 章

火箭炮射击前准备

火箭炮射击前时应进行如下操作。
(1) 火箭炮外观和机构检查。
(2) 脉冲发生器准备。
(3) 瞄准装置检查与规正。
(4) 火箭弹准备。
(5) 火箭炮的装弹和退弹。

15.1 火箭炮作业时的安全措施

只有在蓄电池开关关闭、发火机定位转把处于零位、钥匙拔出、应急电源断开的情况下,才能对火箭炮进行充电、补充充电和放电作业。

火箭炮装填时,只有在进行瞄准、装弹和穿炮衣相关工作时,操作人员才可站在定向器尾端。

定向器装填时,严禁对火箭炮零部件和组件进行检查和维修。

禁止如下操作。
(1) 在发射后 2 min 内从掩体或驾驶室出来。
(2) 在电源打开时修理和更换电传动元器件。
(3) 在电传动模块线缆接头断开时接通电传动系统。

在摇架齿弧和回转盘之间放置 1 块截面积不小于 80 mm×80 mm 的方木,方可在回转盘内进行作业。

15.2　火箭炮外观和机构检查

火箭炮外观检查顺序如下。

（1）将火箭炮转换为战斗状态。

（2）检查所有组件和机构，确保可靠连接、无机械损坏。特别需要注意定向管的状况以及定向器是否处于锁定状态。

（3）打开电源。

（4）接通电传动系统。

①长按控制面板上的"高低机开"按钮，待左侧蓝色灯亮后松开，此时高低机电传动装置接通。

②长按控制面板上的"方向机开"按钮，待右侧蓝色灯亮后松开，此时方向机电传动装置接通。

（5）按以下顺序检查电传动系统的工作情况。

①任意方向转动操纵台高低机手轮并松开，确认高低电传动装置是否处于正常工作状态。在正常状态下，起落部分应随手轮转动；手轮松开时会快速返回初位，同时起落部分保持不动。

②用同样的方法检查方向机电传动装置的工作情况。

③同时转动两个手轮，检查在两个平面上同时瞄准的可能性。

④检查加速瞄准的平稳性。当操纵台的手轮从中间位置缓慢转向极限位置时，瞄准速度应平稳提高。当控制面板上的红色灯亮起时，定向器制动。

（6）断开电传动系统。按下控制面板上的"停止"按钮，控制面板上除"电源"灯亮外，其他灯均熄灭，此时电传动系统断开。

（7）关闭电源。

（8）用手摇传动装置检查高低机和方向机的工作情况。传动应平稳，无抖动和卡滞现象。

（9）检查方向固定器和板簧固定器。检查时，先将二通阀手柄转至行军状态，再切回战斗状态，此时起落部分、回转部分和板簧固定器应随之呈固定和解脱状态。

15.3　脉冲信号发生器准备

1. 掩体射击准备

（1）打开发火机护盖，将定位转把置于零位。

（2）从火箭炮1号单套备附具中取出车外发射器，并展开其绕线。

（3）把车外发射器电缆插头插入火箭炮驾驶室右侧插座。

（4）打开车外发射器盖。

（5）打开电源开关。

（6）按下并松开发火机控制面板上的"电源检验"按钮，此时发火机控制面板上的指示灯先亮后灭。

（7）合上车外发射器盖，卷收电缆并将车外发生器置于掩体内。

（8）固定好绕线架并打开盖。

2. 驾驶室射击准备

（1）打开发火机护盖，将定位转把置于零位。

（2）打开电源开关。

（3）按下并松开发火机控制面板上的"电源检验"按钮，此时发火机控制面板上的指示灯先亮后灭。

15.4　瞄准装置检查与规正

瞄准装置检查分为部分检查和全面检查两种。

部分检查在火箭炮射击前准备时进行。

全面检查在1号技术维护保养时进行。

进行部分检查时，须完成以下工作。

（1）瞄准装置检查前的火箭炮准备。

（2）瞄准装置检查准备。

（3）水准仪检查。

(4) 瞄准具归零检查。

(5) 瞄准零线检查。

1. 瞄准装置检查前的火箭炮准备

(1) 把火箭炮停在平坦的地面后将其转换为战斗状态。

(2) 仔细清洁检查座。

(3) 将定向器左转 90°。

2. 瞄准装置检查准备

(1) 仔细清洁所有外部零件。

(2) 检查瞄准具和周视瞄准镜的所有零件是否齐全完整。

(3) 检查瞄准具和周视瞄准镜机构的运行平稳性。

(4) 检查瞄准具在瞄准架上连接的牢固性。

3. 水准仪检查

(1) 在检查座上沿发射管方向刻线放置水准仪。

(2) 通过高低机调整水准器气泡居中。

(3) 将水准仪调转 180°，如果此时水准器气泡仍然居中，则表明检查面调平。如果水准器气泡从中间向某一侧发生位移，则一半误差必须通过高低机消除，另一半误差则通过水准器调节螺钉消除。重复以上操作，直到水准仪调转 180°时水准器气泡不再移动位置。

4. 瞄准具归零检查

通过千斤顶和手摇传动装置，在纵向和横向两个方向上按水准仪将定向器调平。

(1) 将水准器平行横倾放置在周视瞄准镜座筒端面上，并通过瞄准具横倾调整器调整水准器气泡居中。

(2) 将水准仪调转 90°，并通过瞄准具表尺装定器调整水准器气泡居中。

(3) 用瞄准镜高低调整器调整水准器气泡居中。

完成上述全部操作的结果如下。

(1) 表尺（高角）装定器分划为 0 - 00。

(2) 炮目高低角装定器分划为 30 - 00。

(3) 横倾时水准器气泡居中。

注意：如缺少上述装置，则应安装好。

5. 瞄准零线检查

(1) 将周视瞄准镜装入周视瞄准镜座筒，并用紧定螺钉锁定。

(2) 在 28 号定向管炮口端面沿刻线贴上十字线，并在定向管炮尾部装上塞头。

(3) 按水准器横倾状态调整瞄准具垂直。

(4) 将瞄准具归零。

①通过塞头孔观看，将 28 号定向管十字线瞄准远处距离不小于 800 m 的瞄准点。

②操作周视瞄准镜，使中心立标顶点与预定瞄准点重合。

此时，在周视瞄准镜位置，方向本分划角度应置于 30-00，分划镜数值置于 0-00。

此外，选择的瞄准点必须在镜头细线间可见。

当装定误差大于 0.5 密位时，应重新调整分划环，使其零位处于读数对面位置。

必须移动镜头目镜，使瞄准点处于镜头细线之间。

在没有远方瞄准点的情况下，按检查靶板检查。检查靶板应放在距离火箭炮 40~50 m 处且垂直于视线。

检查时，28 号定向器对准检查靶板右侧十字线，周视瞄准镜中心立标顶点对准左侧十字线。

15.5 火箭弹准备

火箭弹准备顺序如下。

(1) 清洁火箭弹上的油脂、污垢、沙尘，擦拭干净并仔细检查。

(2) 打开带引信的防护盖，此时要特别注意以下事项。

①引信上无凹痕、裂纹及其他机械性损伤。

②战斗部和火箭部无裂纹、凹痕及其他损伤。

③定心表面无压痕。

④有紧定螺钉。

（3）用扳手从引信安装孔拧下塑料塞，并将其放入火箭弹或引信的包装箱。

（4）将引信拧入火箭弹螺孔，用同一扳手将引信拧到限位，并用紧定螺钉锁定。

（5）设定引信的指令装置。

15.6　火箭炮的装弹和退弹

从运弹车向火箭炮装弹的操作顺序如下。

（1）将火箭炮停在平坦的地面上。

（2）将火箭炮转换为战斗状态。

（3）打开电源。

（4）接通高低机和方向机的电传动装置。

（5）将定向器左转 90°，使射角处于零位。

（6）将运弹车垂直于火箭炮纵轴停放，从定向器尾端到运弹车后栏板的距离不超过 400 mm。

（7）解脱火箭弹在火箭弹架上的固定。

（8）炮班一号炮手扶住火箭弹战斗部，另一炮手扶住火箭弹火箭部，然后将火箭弹靠近定向管，并将火箭弹战斗部装入定向管。

（9）在将火箭弹向前推的同时旋转火箭弹，使定向钮进入导向盘，然后继续向前推火箭弹，直到发出"咔"的响声。

从地面向火箭炮装弹的操作顺序如下。

（1）将火箭炮停在平坦的地面上。

（2）将火箭炮转换为战斗状态。

（3）打开电源。

（4）接通高低机的电传动装置。

（5）赋予定向器便于装弹的仰角，不改变方向角。

（6）将4号踏板固定在底盘车架大梁端安装的支座上。

（7）1号炮手站在4号踏板上。

（8）另外两名炮手从地面抬起火箭弹，然后在4号踏板上炮手的帮助下，将火箭弹战斗部放入待装填定向管，并向前推火箭弹。

（9）转动火箭弹，使其定向钮进入定向管导向槽的起始部，然后将火箭弹沿定向管内膛向前推到闭锁挡弹装置处，"咔"的响声表示火箭弹被锁定在闭锁体中。

由3名炮手从火箭炮向运弹车按以下顺序退弹。

（1）将火箭炮转换为战斗状态。

（2）打开电源。

（3）接通高低机和方向机的电传动装置。

（4）将定向器向左转90°并赋予0°仰角。

（5）将运弹车垂直于火箭炮纵轴停放，从定向器尾端到运弹车后栏板的距离不超过400 mm。

（6）取下火箭弹架的可拆壁，在火箭弹架支撑柱上套上链条。

（7）由1号炮手用退弹器解脱火箭弹，并向后拉动，把固定环推到稳定翼片上。另外两名炮手托着火箭弹，并从定向管中取出。

由3名炮手从火箭炮向地面按以下顺序退弹。

（1）如果火箭炮处于行军状态并穿着炮衣，则先脱下炮衣。

（2）将定向器置于方便的退弹位置。

（3）在底盘车架上固定踏板。

（4）1号炮手站在踏板上，左手托住火箭弹，右手用退弹器解脱火箭弹。

（5）将火箭弹向后拉动，把固定环推到稳定翼片上。

（6）另外两名炮手站在踏板附近的地面上，托住所退火箭弹的火箭部，从定向管中取出火箭弹并搬放至预定位置，从火箭弹上拧下引信，用扳手将转换栓设置为瞬发模式，并将其放入包装箱。

第 16 章

火箭炮的技术保养[1]

火箭炮的技术保养的总则如下。

火箭炮的使用寿命和技术状况在很大程度上取决于合理储存、熟练使用、精心保养和持续监测，以及及时排除故障和修理。

应按照军中火炮武器和弹药的储存保管指南规程，进行火箭炮的技术保养和储存。

在规定期限内，系统性技术保养应确保火箭炮处于战备完好状态。

火箭炮的技术维护按周期和工作量分为以下几类。

（1）一般检查（KO）。

（2）日常保养（TeO）。

（3）1号技术保养（TO-1）。

（4）2号技术保养（TO-2）。

（5）季节性保养（KO）。

乌拉尔-375Д汽车的技术保养应根据乌拉尔-375Д汽车的使用说明书进行。

火箭炮在每次使用（行军、射击、教练等）前都要进行一般检查。

一般检查的内容如下。

---

[1] Боевая машина Б М – 21. Техническое описание и инструкциям по эксплуатации. М.： Воениздат. Изд. № 3/20114Ор – Т91 з/н. С. 160. Киселев В. В., Кириченко А. А., Калиш С. В., Таранов С. В., Горин В. А. Реактивные системы залпового огня. （Боевая машина БМ – 21 《Град》）. ФГБОУ ВГАУ Военная кафедра. Волгоград, 2015. С. 60.

（1）拧紧火箭部与底盘纵梁进行固定，固定火箭炮组件的紧固件，特别要注意连接火箭部分与底盘车架连接板上的紧固件。

（2）检查定向管和接触组件的状况。

（3）检查备附具在箱内固定和箱盖固定的可靠性。

（4）检查信号线路的工作状况。

（5）检查电源元件的完性和电源在底盘支架上连接的可靠性。

（6）检查驾驶室中的制动板对杠杆的制动性。

（7）检查无线电台和脉冲信号发生器固定的可靠性。

（8）检查土木工具和驾驶员用具的组成和固定情况。

（9）检查火箭炮起落部分和回转部分固定的可靠性，以及行军状态的瞄准具支臂的固定性。

（10）检查板簧固定器解脱情况。

（11）检查火箭弹在定向管内的可靠锁定情况（火箭炮带弹行军时）。

（12）检查瞄准具罩和火箭炮炮衣的固定情况。

日常保养是由炮班人员在训练、培训、射击完成之后进行的。对于未使用的火箭炮，至少每两周要进行一次例行保养。使用中的火箭炮应在装备保养时间、维护保养日进行保养。如果火箭炮长期储存在没有供暖设施的库房中，那么应该由指定的炮班人员或团队在每年的维护保养日对其进行1次技术保养。

1号技术保养为定期检查火箭炮，部分检查其使用的组件，发现并消除在使用和后续使用准备过程中出现的故障。在使用和储存时，1号技术保养内容包括日常保养所规定的所有工作及1号技术保养所规定的补充性工作。1号技术保养由炮班成员完成，必要时由修理厂专家参与完成。

当使用中的火箭炮在底盘行驶里程达到1 000~1 200 km时，需要进行1号技术保养。电传动系统在运行100 h后需要进行1次1号技术保养，且每6个月至少进行1次。火箭炮在没有供暖设施的库房中长期储存时，1号技术保养应在2号技术保养间隔期间进行1次。

2号技术保养是对火箭炮使用的装置进行全面检查，分解检查个别组件，发现并排除使用和后续使用准备过程中出现的故障。2号技术保养包含 1 号技术保养的所有工作及 2 号技术保养规定的补充性工作。

在使用和储存期间，火箭炮的 2 号技术保养工作由技术专家在修理厂完成，炮班成员参与完成。

在火箭炮的底盘行驶里程达到 5 000～6 000 km 时，需要进行 2 号技术保养。电传动系统在运行 500 h 后进行 1 次 2 号技术保养，且每 2 年至少进行 1 次。

火箭炮在没有供暖设施的库房中长期储存时，如使用 ГОИ－54n 润滑脂封存，那么每 5 年至少进行 1 次 2 号技术保养；如果采用 ПВК 润滑脂封存，则每 10 年至少进行 1 次 2 号技术保养。

根据乌拉尔－375Д 汽车的使用手册，每年在秋冬或春夏做换季使用准备时，需要对火箭炮行驶系进行 2 次季节性保养。

在用火箭炮的季节性保养由炮班成员完成，修理厂专家参与完成（与 1 号技术保养时间重合时），或由修理厂专家完成，炮班成员参与完成（与 2 号技术保养时间重合时）。

季节性保养在库房停放处或修理厂进行，视与 1 号或 2 号技术保养时间的重合情况而定。

第 17 章
技术保养时机构动作检查方法[①]

17.1 高低和方向固定器动作检查

操作步骤如下。

(1) 将双向阀手柄置于行军状态。

(2) 用手柄旋出螺杆 14~195 mm，将方向固定器与齿圈脱离啮合。

(3) 用手摇传动装置手轮转动定向器，确保方向固定器完全解脱。

(4) 用同一手柄拧开摇架支臂上的螺杆，解脱起落部分的固定挂钩，确保起落部分可进行射角瞄准。

(5) 用同一手柄固定起落部分和回转部分，用手摇传动装置实现可靠固定。

通过双向阀手柄转换战斗和行军状态，是操作气动系统的固定动作。在上述操作中，当双向阀手柄转换到战斗状态时，起落部分和回转部分应确保解脱固定；在行军状态时，起落部分和回转部分应确保被固定（气动系统压力应不低于 6 kgf/cm²）。

[①] Боевая машина БМ – 21. Техническое описание и инструкцмя по эксплуатации. М.：Воениздат. Изд. № 3/20114Oр – Т91 з/н. C. 187 – 204. Киселев В. В.，Кириченко А. А.，Калиш С. В.，Таранов С. В.，Горин В. А. Реактивные системы залпового огня. （Боевая машина БМ – 21《Град》）. ФГБОУ ВГАУ Военная кафедра. Волгоград，2015. C. 62.

17.2　板簧固定器动作检查

操作步骤如下。

（1）将双向阀手柄置于行军状态。

（2）拧紧连接轴螺纹端的手轮 14-318，并将连接轴向下拉至极限位置。

（3）确保固定器被锁定。当固定器被锁定时，固定轴在本体内不应有位移，可通过后轮越障高 150~200 mm 对该状态进行检查（底盘后桥与大梁的间距不应改变）。

（4）拧出手轮 14~318 mm，确保固定轴在本体内自由移动（底盘后桥与大梁的间距应当改变）。

（5）将双向阀手柄置于战斗状态，并确保固定器被锁定；当固定器被锁定时，固定轴不应在本体内移动（如上所述进行检查）。

将双向阀手柄置于行军状态，并确保固定轴在此状态下可在本体内自由移动。

17.3　手摇传动装置链条的张紧度检查

在链条下方拉紧、上方自由下垂的情况下，在链条中间段进行检查，操作步骤如下。

（1）在联轴器的链轮上放置一根压板（直线长为 500 mm）。

（2）用刻度为 1 mm 的直尺测量链条的下垂量。

（3）取下罩。

（4）用直尺测量链条相对于本体上侧板的下垂度，将链轮和上侧板间的间隙也计算在内。

（5）如果下垂量超过允许值，则通过移除链节来调整链条的下垂量。

17.4　高低机空回检查

操作步骤如下。

（1）朝某一方向摇高低机手轮，赋予定向器任意高低射角，并将周视瞄准镜中央立标顶点对准标记点。

（2）用粉笔分别在手轮轮缘和链盒本体上做出标记。

（3）继续沿该方向摇手轮，使其瞄准射击。

（4）朝反方向摇手轮，直到周视瞄准镜中央立标顶点与标记点刚好错开为止。

通过手轮轮缘标记和链盒本体标记之间的差值确定空回量。

按同样的方法进行方向机空回检查。

17.5　高低机和方向机手轮力检查

操作步骤如下。

（1）拆下手轮。

（2）代替手轮安装带沟槽的圆盘 C6 14-95（沟槽直径为 200 mm）。

（3）将一根线绳固定在圆盘上，并在沟槽中绕 3~4 圈。

（4）用连接在绳端的测力计 C6 14-98，在平稳运动时确定拉力。

（5）在整个射界内朝两个方向每 5-00 进行测力。

（6）卸下带沟槽的圆盘。

（7）安装手轮并固定。

若手轮力超过允许值（7~8 kgf），则需送修。

17.6　高低机离合器打滑力检查

操作步骤如下。

（1）将起落部分降至定位块上并将其锁定在行军状态。

(2) 拆下手轮。

(3) 代替手轮安装带沟槽的圆盘 C6 14 – 95。

(4) 在圆盘沟槽中绕 3~4 圈线。

(5) 在高低机离合器打滑前排除空回。

(6) 用连接在绳端的测力计 C6 14 – 98，在平稳运动时确定拉力。

(7) 在两个方向上检查打滑力矩。

(8) 卸下带沟槽的圆盘。

(9) 安装手轮并将其紧固。

若打滑力小于 9 kgf 或大于 18 kgf，则需调整高低机离合器的打滑力矩。

将回转部分锁定在行军状态，按同样的方法进行方向机离合器打滑力检查。

17.7　安全离合器打滑力检查

安全离合器打滑力检查在高低机和方向机离合器打滑力检查后进行。

为了检查高低机安全离合器打滑力，必须做好以下事项。

(1) 将周视瞄准镜的中央立标顶点对准选定点。

(2) 将力矩扳手 C6 14 – 48 套在离合器上并握住手柄。

(3) 观察周视瞄准镜，确保摇动手轮时，周视瞄准镜中央立标顶点相对选定点垂直移动。

(4) 在起落部分稳定移动时，用力矩扳手 C6 14 – 48 测量安全离合器打滑力。

(5) 在两个方向上，摇动手轮时进行测量。

若打滑力在 0.8~1 kgf 范围外，或者在摇动手轮的过程中，周视瞄准镜中央立标顶点相对选定点没有发生位移（起落部分未移动），则通过旋入或旋出螺母调整安全离合器打滑力。

按同样的方法检查并调整方向机安全离合器。

17.8 用电传动系统高低角限位器工作情况检查

操作步骤如下。

（1）将双向阀手柄转换为战斗状态。

（2）接通电源。

（3）接通高低机和方向机的电传动装置。

（4）将火箭炮回转部分置于0°角。

（5）将起落部分打低至定位块上。

（6）将操控台上的高低手轮转到"向上"极点位置，此时，起落部分应减速上升到14°射角，随后以最高速度上升到50°射角；从50°射角开始，起落部分应明显减速，在未达到机械限位前，应迅速制动。

（7）控制板上的高低瞄准红色指示灯应亮（停止后指示灯亮，操作手摇传动装置，以证实起落部分未达到机械限位）。

（8）将操控台上的高低手轮转到"向下"极点位置，此时，起落部分应减速下降到50°射角，随后以最高速度下降到14°射角，在14°射角处应明显减速且在未达到机械限位前制动；控制板上的高低瞄准红色指示灯应亮，以证实起落部分未达到机械限位；上述检查以最高速度和最低速度各重复2次（分别对应操控台手轮的最高和最低转速）。

（9）将起落部分打高至15°以上，并将火箭炮回转部分向任意一方向转动46°~50°。

（10）将操控台上的高低手轮转到"向下"极点位置时，起落部分应以最高速度下降至接近机械限位时制动。此时，控制板上的高低瞄准红色指示灯亮起，证实起落部分未达到机械限位。上述检查按照最高速度和最低速度各重复2次。

此时，若高低角限位器不能保证起落部分在瞄准极限角和危险区内制动，也不能在上述角度区内减速，那么必须按以下步骤更换并安装火箭炮上的限位器。

①将高低角限位器装在回转体套筒上，用螺钉将其固定，并用螺母

锁定螺钉。

②将起落部分打高至53°30″±1°射角。

③像欧姆表一样连接Ц4313仪表接线端并接通。

④转动限位器轴，使仪表指针发生偏转（电路闭合）。

⑤逆时针转限位器轴，使仪表指针回到"∞"位置（电路断开）。

⑥拧紧螺母，用螺钉将其锁定。

⑦检查限位器的工作情况。

起落部分电气限位至机械限位的预留量应不小于1°。

17.9　用电传动系统方向角限位器工作情况检查

操作步骤如下。

（1）用高低机电传动装置将起落部分打高到20°~25°射角。

（2）接通方向机的电传动装置，将操控台方向手轮转到极"左"位置。

（3）在93°~98°方向角转动手轮，将瞄准速度降至一半左右；在到机械限位前，回转部分应制动，而在控制板上的方位红色指示灯亮；上述检查以最高速度和最低速度各重复2次，每次都用手摇传动装置验证起落部分未达到机械限位。

（4）将操控台方向手轮转到极"右"位置。

（5）在58°~60°方向角（火箭炮定向器相对火箭炮纵轴向右）转动操控台手轮，将瞄准速度降至一半左右，在未达到机械限位前，回转部分应制动，此时控制板上的方位红色指示灯亮；上述检查应以最高速度和最低速度各重复进行2次，且每次都应用手摇传动装置验证起落部分未达到机械限位。

（6）将起落部分降至5°~10°射角。

（7）以最高速度用方向机的电传动装置驱动回转部分与底盘纵轴成45°角。

（8）瞄准速度在该角度降至一半左右；在到达机械限位前，回转部分应制动，而在控制板上的高低和方位红色指示灯亮起。仅在射角大于 15°时，回转部分通过电动机驱动，在机械限位至驾驶室区域范围内可进行回转；上述检查以最高速度和最低速度各重复进行 2 次。

（9）将火箭炮回转部分从另一侧向其纵轴方向转动，并按照上述步骤进行检查。

此时，若方向角限位器不能保证回转部分在瞄准极限角和危险区内制动，那么必须更换限位器并按以下步骤将其安装在火箭炮上。

①将角限位器的齿圈与座圈齿轮啮合，将其固定并用销子锁定。
②将回转部分向左转至 99°30 ± 1°。
③连接 Ц4313J 仪表接线端，像欧姆表一样接通。
④松开螺母，转动限位器管，使仪表指针发生偏转（电路闭合）。
⑤顺时针转限位器管，使仪表指针回到"∞"位置（电路断开）。
⑥拧紧螺母。
⑦检查限位器的工作情况，回转部分在极限角上电气限位至机械限位的预留量应不小于 1°，而在危险区内应不小于 2°。

17.10　电传动系统组件的插座及插头检查

插头及插座上的残渣必须用细砂纸擦拭清除，随后再用酒精或一级汽油进行清洁。用沾上汽油的缠布木条在插座中转动，从而清除插座中的氧化层。

17.11　电传动系统检查

操作步骤如下。

（1）打开电源。
（2）接通高低机和方向机的电传动装置。
（3）依次向两侧转动操控台上的高低手轮，随后将其松开，以验证高低机的电传动装置是否处于正常工作状态。在转动手轮时，起落部分应运动,在松开手轮时,手轮应迅速回至中位,起落部分则应停止。

(4) 依次向两侧转动操控台上的水平手轮,随后将其松开,以验证方向机的电传动装置是否处于正常工作状态。在转动手轮时,回转部分应运动;在松开手轮时,手轮迅速回至中位,回转部分则应停止。

(5) 同时,操作操控台上的两个手轮,检查电传动系统在垂直面和水平面上的瞄准能力。

17.12　车外定向器射击电路检查

操作步骤如下。

(1) 准备车外定向器工作的设备。

(2) 从 1 号单套备附具中取出万用表 C6 14-79。

(3) 按发射顺序表将万用表接在前 20 根定向管的接触组件上。

(4) 将发火机定位转把置于定位盘上刻度"20"处。

(5) 将定向器置于方便观察万用表灯亮的地方。

(6) 锁定车外定向器转动部分。

(7) 将车外定向器转换开关孔中的钥匙置于"单发"位置。

(8) 顺时针以 150 r/min 的转速转动发电机转柄 1~2 s。

注意:为了使首根定向管上的万用表灯亮起,必须转动发动机转柄 2 次,每转的间隔时间为 1~2 s。

(9) 重复转动发电机转柄,此时 1 号~20 号定向管的万用表灯依次亮起。

(10) 将万用表 C6 14-79 移到后 20 根定向管上。

(11) 将发火机定位转把置于定位盘上刻度"41"处。

(12) 重复转动发电机转柄,此时 21 号~40 号定向管的万用表灯依次亮起。

(13) 将发火机定位转把置于定位盘上刻度"0"处,随后调至刻度"41"处。

(14) 从 1 号~10 号、31 号~40 号定向管上连接万用表。

（15）将车外定向器转换开关孔中钥匙置于"连发"位置。

（16）顺时针以 150 r/min 的速度转动发电机转柄，直到 40 号定向管上万用表灯亮。在 1 号定向管上的灯亮的同时计时，在 40 号定向管万用表灯亮时停止计时。

（17）将车外定向器转换开关孔中钥匙置于"关闭"位置，并将其从孔中拔出。

（18）从驾驶室右侧壁插头上断开车外定向器。

检查发火机中射击电路的操作步骤如下。

（1）根据技术保养与使用手册（ТОиИЭ）第 3 章第 2 节第 2 款，准备驾驶室内的操作设备。

（2）将万用表置于火箭炮前 20 根定向管上。

（3）将发火机定位转把置于定位盘上刻度"20"处。

（4）将转换开关孔中钥匙置于"自动"位置。

（5）顺时针转动杠杆式按钮转柄到限位处并保持在该位置到 20 号定向管上的万用表灯亮，此时 1 号~20 号定向管上的万用表灯依次亮。

（6）将万用表移到火箭炮的后 20 根定向管上。

（7）将定位转把置于定位盘上刻度"41"处。

（8）顺时针转动杠杆式按钮转柄到极限位并保持在该位置到 40 号定向管上的万用表灯亮起，此时 21 号~40 号定向管上的万用表灯依次亮起。

（9）将定位转把置于定位盘上刻度"20"处，随后调至刻度"41"处。

（10）将转换开关孔中钥匙置于"单发"位置。

（11）顺时针转动杠杆式按钮转柄到极限位并保持在该位置到相应定向管上的万用表灯亮。

注意：转动杠杆式按钮 2 次，以使 1 号定向管上的万用表灯亮。

（12）从发火机插座中拔出钥匙，将发火机定位转把置于定位盘上刻度"0"处。

（13）关闭电源。

（14）合上发火机盖。

（15）取下火箭炮定向管上的万用表。

17.13　机械式象限仪检查

要检查机械式象限仪,需要进行以下操作。

(1) 将机械式象限仪置于检查平台上,机械式象限仪本体基座的边缘要与检查平台面的纵向标线对齐。

(2) 操作高低机,使机械式象限仪水准器气泡居中。

(3) 将机械式象限仪旋转180°,若机械式象限仪的水准器气泡居中,则机械式象限仪准确;若水准器气泡发生偏移,则必须操作火箭炮高低机消除一半偏差,另一半偏差需要利用机械式象限仪水准器调节螺钉消除。重复以上操作,直到将机械式象限仪调转180°时水准器气泡不发生偏移为止。

将机械式象限仪刻度设置为7°~50°角,并把其本体基座放在检查平台上,使其本体基座边缘与检查平台表面的纵向标线对齐。

(4) 操作高低机,使机械式象限仪水准器气泡居中。

(5) 将机械式象限仪本体第二基座放在检查平台上,水准器气泡偏离中间位置的距离不应大于水准器玻璃管的两个分度;若偏差较大,则要对机械式象限仪进行修理。

17.14　炮目高低角装定器空回测定

为了测定炮目高低角装定器空回,必须做好以下事项。

(1) 向一侧转动炮目高低角装定器的手轮,使水准器气泡居中,并读出高低角的分划。

(2) 向同侧转动手轮,使高低角分划改变40~50密位。

(3) 反向转动手轮,使水准器气泡重新居中,读出高低角分划。

第一个和第二个读数之差即炮目高低角装定器的空回值。

进行2次空回测定,取所得值的算术平均值作为空回值。炮目高低角装定器的空回值不允许大于0-01。

17.15 高角装定器空回测定

为了测定高角装定器空回，必须做好以下事项。

（1）向一侧转动高角装定器的手轮，使水准器气泡居中，读出高低角分划密位数。

（2）向同侧转动高角装定器的手轮，使高角分划改变 40~50 密位。

（3）反向旋转手轮，使水准器气泡重新居中，读出高角分划密位数。

第一个与第二个读数之差即高角装定器的空回值。

进行 2 次空回测定，取所得值的算术平均值作为空回值。

高角装定器的空回值不允许大于 0-01。

17.16 周视瞄准镜方向角和高低俯仰的空回测定

为了测定周视瞄准镜方向角和高低俯仰的空回，必须做好以下事项。

（1）将周视瞄准镜置于周视瞄准镜座筒上，并用紧定螺钉将其锁定。

（2）将方向角手轮向一侧转动，将周视瞄准镜中央立标顶点对准一远方瞄准点（该点与火箭炮之间的距离不小于 400 m），读取方向角的装定值。

（3）向同侧转动方向角手轮，把方向角设定值改变 40~50 密位。

（4）反向旋转方向角手轮，将周视瞄准镜中央立标顶点再次与瞄准点对准，读取方向角的装定值。

两次方向角装定值之差即周视瞄准镜方向角的空回值。进行 2 次空回测定，取所得值的算术平均值作为空回值。

周视瞄准镜高低俯仰的空回与周视瞄准镜方向角的空回的确定方法相同，前者需读取高低俯仰分划数。

周视瞄准镜方向角与高低俯仰的空回值不允许大于 0-02。若空回值大于 0-02，则需修理周视瞄准镜。

17.17 瞄准具纵向和横向不可恢复晃动量测定

为了测定瞄准具纵向和横向不可恢复晃动量，必须做好以下事项。

（1）将瞄准具（操作火箭炮瞄准具或瞄准机）的纵向和横向水准器气泡居中。

（2）用力（1~2 kgf）推周视瞄准镜座筒（向前），之后松开；若瞄准具无纵向不可恢复晃动，则纵向水准器气泡应复位居中，若有不可恢复晃动量且纵向水准器气泡未居中，则需测定气泡相对水准器刻线的位置。

（3）用力（1~2 kgf）拉周视瞄准镜座筒（向后），松开后重新确定纵向水准器气泡相对于水准器刻线的位置。

任一方向的不可恢复晃动量应不大于 0-01。

瞄准具不可恢复晃动量是按水准器刻线读出的，其平均分划值为 1 密位。

瞄准具横向不可恢复晃动量与纵向不可恢复晃动量的确定方式相同，唯一的区别在于瞄准具必须向右、向左倾斜，利用横向水准器气泡确定不可恢复晃动量。

瞄准具横向不可恢复晃动量应不大于 0-02。

17.18 瞄准具装定示值正确性检查

瞄准具装定示值正确性检查在瞄准具零位检查后，操作步骤如下。

（1）通过放置在检查平台上的象限仪纵向和横向调平火箭炮定向器（使用千斤顶和高低机）。

（2）将瞄准具归零（高角为 0-00，炮目高低角为 30-00，纵向和横向水准器气泡均居中）。

（3）每隔 3-00 连续从 0-00~9-00 赋予定向器射角，然后（返程）再从 9-00 回到 0-00。

（4）先向打高方向然后向打低方向转动瞄准具手轮和火箭炮高低机手轮，按瞄准具分划密位装定这些射角；当定向器处于各个位置时，用象限仪测量定向器的实际射角，并与瞄准具所测射角进行比较。

若射角在 3 - 00 以下，则象限仪与瞄准具读数的最大差值不应大于 0 - 02；若射角大于 3 - 00，则二者最大差值不应大于 0 - 04。

用正行程与反行程测量定向器的同一射角时，象限仪读数之间的最大差值（这意味着瞄准具与定向器的空回）不应大于 0 - 01.5。

该检查进行 2 次，将象限仪和瞄准具示数的算术平均值作为精确差值。若该差值大于允许值，则必须修理或更换瞄准具。

在更换或修理瞄准具后，也应对炮目高低角装定器进行上述检查。此时，瞄准具上的角度根据炮目高低角分划装定。

17.19　瞄准具固定检查

操作步骤如下。

（1）将火箭炮定向器 28 号定向管的十字线和周视瞄准镜中央立标顶点对准距离火箭炮不小于 3 000 m 的瞄准点。

（2）转动横向倾斜调整器转螺，将瞄准具向右倾斜至极限位置，随后再向左倾斜。当瞄准具固定正确时（瞄准具倾斜调整器轴的位置正确），瞄准线与所选瞄准点的偏移不大于 2 密位（0 - 02）。

瞄准线偏差值根据周视瞄准镜方向角分划测定。在检查时，若瞄准线偏差超过 2 密位，那么应修理瞄准具固定组件。

17.20　高低水准器调整正确性检查

操作步骤如下。

（1）按检查平台调平火箭炮定向器，使高低水准器气泡居中。

（2）转动横向倾斜调整器转螺，将瞄准具向右倾斜至极限位置，随后向左倾斜。

此时，高低水准器气泡必须居中。若高低水准器气泡偏移，则应通过转动高低水准器座侧面的调节螺钉使其居中。为了能够使用高低水准器调节螺钉，需拧出左侧螺盖（当从炮目高低角概略瞄准分划方向观察瞄准具时),调整后再将其复位。调整后,必须检查瞄准具的零位。

17.21　倾斜水准器调整正确性检查

操作步骤如下。

(1) 转动横向倾斜调整器转螺,使倾斜水准器气泡居中。

(2) 在整个瞄准范围内转动高角装定器转轮,观察倾斜水准器气泡的位置。

此时,倾斜水准器气泡不得超出玻璃管的边界线。若倾斜水准器气泡超出边界线,则使用倾斜水准器座侧面的调节螺钉使其居中。

为了能够使用倾斜水准器调节螺钉,需拧出左侧螺盖(当从定向器方向观察瞄准具时),调整后再将其复位。调整后,需检查瞄准具的零位。

17.22　瞄准线偏移量检查

可使用方向盘(经纬仪)或重锤(配重)来检查瞄准线偏移量。

使用方向盘(经纬仪)检查瞄准线偏移量的操作步骤如下。

(1) 将定向器向左转 90°。

(2) 使用千斤顶和手摇传动装置,并通过置于摇架检查平台上的水准器在纵向和横向调平火箭炮定向器。

(3) 在定向器炮口端面前 25~40 m 处架设方向盘(经纬仪),利用球水准器仔细调平分度盘;在 28 号定向管炮口端面按刻线贴上垂线,并在尾端插入 C614-76 弹性套。

(4) 在瞄准具归零的前提下,按垂线将 28 号定向管对准方向盘单目镜。

(5) 将方向盘上的单目镜十字垂线与 28 号定向管炮口端面的垂线对准;当两垂线重合后,不可转动计数蜗杆和定位蜗杆的转轮。

(6) 在瞄准具归零、高低和倾斜水准器气泡居中的情况下,可根据远方瞄准点使用周视瞄准镜进行标定。

(7) 从 0-00 至最大射角范围内,每 1-00 赋予一次定向器射角,在

第 17 章　技术保养时机构动作检查方法

每次装定射角后，可通过方向机手摇传动装置将 28 号定向管的垂线（或炮口端面刻线）与方向盘单目镜十字垂线对准。两垂线对准后，使瞄准具的高低和倾斜水准器气泡居中（若其产生了偏移），随后通过周视瞄准镜重新标定同一瞄准点。所得标定要与初始标定进行比较。

周视瞄准镜装定方向角之间的差异是对应射角下瞄准线偏移造成的。

用上述同样的操作顺序从最大射角到最小射角（回程）进行检查。

在重复检查 2 次后，对每个射角瞄准线偏移量取测量平均值，并将测量结果记录在瞄准线偏移修正量表中。最后，把射击时的修正量引入方向角。

在有风的情况下，位于高处的重锤可能发生偏离，因此利用重锤检查瞄准线偏移量甚为不便。在火箭炮技术检查及修理后检查等个别情况下会使用此种瞄准线偏移量检查方法。

使用重锤进行瞄准线偏移量检查的步骤顺序与使用方向盘（经纬仪）的步骤顺序相同，都是在赋予相应射角后，使 28 号定向管上的垂线与重锤线对准。

БМ-21 火箭炮的主要故障及排除方法见表 17.1。

表 17.1　БМ-21 火箭炮的主要故障及排除方法[①]

序号	故障名称、外观表现和辅助特征	可能原因	排除方法
1	当打高起落部分时，活塞杆（6）（图 17）无法回到上位	缓冲器弹簧（3）断裂	卸下并分解高低固定器。用 2 号组套备附具（ЗИП）中的备件更换弹簧，结合固定器，复装并试用。按照第 8 章第 7 条第 17、18 项规定进行分解结合
2	缓冲器漏油	密封圈磨损	用 2 号组套备附具（ЗИП）中的备件更换密封圈。在缓冲器内补加油。按照第 8 章第 7 条第 17、18 项规定进行分解结合

---

① Боевая машина БМ-21 (РСЗО 9К51 《Град》) Техническое описание и инструкция по эксплуатации. М.: Воениздат, 1971. C. 216.

续表

序号	故障名称、外观表现和辅助特征	可能原因	排除方法
3	方向手摇传动装置手轮力大于 8 kgf	（1）手摇传动装置中润滑脂变稠、被污染。 （2）座圈和主齿轮存在齿损伤以及有压痕	（1）清洁链条并涂油（图 15）。 （2）清洁链轮（67）和（17）并涂油。卸下盖子（13）（图 20）。修整损伤和压痕。必要时，送修更换
4	起落部分在平稳运动状态下带弹打高时，手摇传动装置手轮力大于 8 kgf。	（1）手摇传动装置中润滑脂变稠、被污染。 （2）高低齿弧和主齿轮上有凹痕及压痕	清洁链条（11）（图 15）和（13）并涂油。 清洁链轮（68）、（15）、（42）和（30）并涂油。 用锉刀锉去凸起金属，随后用砂纸打磨，去除毛刺并涂油
5	高低机手摇传动装置的空回量超过手轮的 1.5 圈	（1）链传动中的间隙增大。若链条（11）的下垂量不应超过 45 mm，则链条（31）下垂不应超过 60 mm。 （2）高低机减速器间隙增大。 （3）主齿轮啮合间隙增大	（1）按照第 6 章第 3 节第 3 项检查链条（11）和（31）的张紧度。 （2）若下垂量增加，可通过移除链节来调整链条张紧或送修。 （3）同上
6	转动装置手摇传动装置的驱动装置的空回量超过手轮的 2 圈	（1）链传动中的间隙增大。链条（11）的下垂量不应超过 45 mm。 （2）回转减速机的间隙增大。 （3）主齿轮啮合的间隙增大。 （4）万向轴的间隙增大	（1）按照第 6 章第 3 节第 3 项检查链条（11）的张力。 （2）若下垂量增加，可通过移除链节来调整链条张力或送修。 （3）同上 （4）同上

第 17 章　技术保养时机构动作检查方法

续表

序号	故障名称、外观表现和辅助特征	可能原因	排除方法
7	手摇传动装置通过手推手轮回转	弹簧（4）断裂。	拆卸手摇传动装置，用 2 号组套备附具（ЗИП）中的备件更换弹簧（4）。按照第 8 章第 2 节第 17 项和第 8 章第 3 节、22 节的规定进行分解结合
8	当双向阀手柄置于行军状态时，高低固定器手轮无法锁定起落部分在行军状态	（1）螺杆（20）被拧入。 （2）固定器弹簧断裂。 （3）空气室弹簧断裂	（1）用手轮 14-195 拧出螺杆。 （2）分解固定器并用 2 号组套备附具（ЗИП）中的 1 号备件更换弹簧。按照第 8 章第 7 节第 12、18 项的规定进行分解结合。 （3）用 2 号备组套附具（ЗИП）中的备件更换气室。按照第 7、8 章第 7 节第 14、15 项的规定进行分解结合
9	当双向阀手柄置于行军状态时，方向固定器无法锁定置于 0 度方向角的回转部分	（1）固定器弹簧（17）（图 18）断裂。 （2）空气室（12）弹簧断裂。 （3）螺杆（18）被拧出	（1）分解固定器并用 2 号组套备附具（ЗИП）中的备件更换弹簧。按照第 7、8 章第 14、15 项的规定进行分解结合。 （2）用 2 号组套备附具（ЗИП）中的备件更换气室。按照第 7、8 章第 14、15 项的规定进行分解结合。 （3）用手轮 14-195 拧紧螺杆
10	当双向阀置于战斗状态时，起落部分和回转部分未被解锁	（1）气动系统漏气。 （2）固定器杠杆和转动部分机械损坏	（1）手动解锁，通过在连接处涂肥皂水找到气动系统故障，排除漏气故障。若双向阀 С613-11 漏气，则在本体锥孔和活塞杆锥面上涂一薄层膏体 ВНИИ НП-232 ГОСТ14068-79。 （2）送修

续表

序号	故障名称、外观表现和辅助特征	可能原因	排除方法
11	当双向阀置于行军状态时，板簧固定器没有脱开后桥弹簧	（1）弹簧（26）（图30）断裂。 （2）空气室（17）的弹簧（18）断裂。 （3）板簧固定器污染，润滑油脂稠化。 （4）固定轴（24）的锁块（27）被卡住	（1）分解固定器并用2号组套备附具（ЗИП）中的备件更换弹簧。按照第8章第12节的规定进行分解结合。 （2）用2号组套备附具（ЗИП）中的备件更换空气室。按照第8章第12节的规定进行分解结合。 （3）按照第8章第12节的规定分解固定器，清洁并更换润滑脂。 （4）按照第8章第12节的规定分解固定器，检查固定轴锁块，清洁并涂油，必要时用2号组套备附具（ЗИП）中的备件更换锁块
12	当双向阀置于战斗状态时，板簧固定器不能固定后桥弹簧	（1）气动系统漏气。 （2）固定器污染，润滑油脂稠化； （3）固定轴（24）的锁块（27）齿上有刻痕和划痕	（1）排除漏气。 （2）按照第8章第12节的规定分解固定器，清洁并更换润滑脂。 （3）按照第8章第12节的规定分解固定器，用2号组套备附具（ЗИП）中的备件更换锁块，清理固定轴上的刻痕

续表

序号	故障名称、外观表现和辅助特征	可能原因	排除方法
13	瞄准具支臂在战斗状态下晃动（不允许晃动）	（1）手柄孔（11）（图34）脏污。 （2）瞄准具支臂固定碟形弹簧松动。	（1）清洁孔中的污渍。 （2）卸下盖（8）（图74），减少垫圈（5）的数量
14	当赋予起落部分射角时，火箭弹在发射管内不固定	（1）闭锁挡弹装置杠杆（4）（图5）断裂。 （2）火箭弹定向纽断裂	（1）用2号组套备附具（ЗИП）中的备件更换闭锁挡弹装置，并调节闭锁力。 （2）更换火箭弹
15	闭锁力小于600 kgf	闭锁弹簧松动或断裂	使用工装（图79）调节闭锁挡弹装置。若无法调节，则用2号组套备附具（ЗИП）中的备件更换并检查，必要时调节
16	当按下控制板上的高低或方向启动按钮时，电动机扩大机（ЭМУ）的驱动电动机无法启动	（1）螺钉（14）（图18）未拧紧接触组件杆。 （2）控制板上的高低按钮22-Kn1、方向按钮22-Kn2（图59）故障。 （3）接触组件故障。 （4）控制箱元件故障。 （5）10号电缆（图32）故障	（1）拧松螺钉（14）以确保接触组件可靠吸合，并锁定螺钉。当方向固定器断开时，螺钉头和接触组件本体之间的间隙应不小于0.4 mm。 （2）检查工装Ц4313的按钮故障性。用2号组套备附具（ЗИП）中的备件更换故障按钮。 （3）用2号组套备附具（ЗИП）中的备件更换接触组件。 （4）应送修。 （5）应送修

续表

序号	故障名称、外观表现和辅助特征	可能原因	排除方法
17	转动操控台手轮时，传动装置不受操控台的控制	（1）控制板上的保险 22 - Pr1（图 59）和 22 - Pr2 熔断。 （2）控制箱元件故障。 （3）操控台故障。 （4）电动机扩大机（ЭМУ）故障	（1）用 1 号单套备附具或 2 号组套备附具（ЗИП）中的备件更换保险。 （2）送修。 （3）用 2 号组套备附具（ЗИП）中的备件更换操控台。 （4）更换
18	虽然电动机扩大机（ЭМУ）受控，但传动装置不受操控台控制（当转动手轮时发出高音）	执行电动机被制动	检查瞄准机是否有卡滞（楔入、外来物掉入等）。排除卡滞因素。 借助工装 Ц4313 检查电磁套筒线圈（29）（图 33）和线圈（35）的故障性。 线圈电阻应为 22～25 Ω。 更换故障联轴器
19	（1）在操控台手轮处于中位时，接通方向机（高低机）的传动装置时起落部分（回转部分）开始动作。 （2）操控台手轮位置同上（中间位置），无法用手摇传动装置瞄准	（1）操控台上的变压器位置控制损坏，因此变压器的移动触点被移位。 （2）刷握（19）（图 49）从绝缘区移到扇形区	（1）用 2 号组套备附具（ЗИП）中的备件更换操控台。 （2）同上

续表

序号	故障名称、外观表现和辅助特征	可能原因	排除方法
20	当用高低机（方向机）的传动装置进行瞄准时，起落（回转）部分开始以最高速度运行，随后电传动装置迅速制动，电动机扩大机（ЭМУ）停下，控制板信号灯熄灭。当再次按下高低机或方向机的启动按钮时，高低机（方向机）的传动装置的电动机扩大机（ЭМУ）驱动电动机无法启动	极化继电器 6 - P7（6 - P9）的触点粘连（图 59）	立即关闭电源（电源系统 СЭП），用 1 号单套备附具或 2 号组套备附具（ЗИП）中的备件更换控制箱内继电器 P - 5。用工装 Ц4313 检查二极管 D1～D4 及 D5 故障情况。若控制箱内二极管出现故障，则应送修
21	当从一侧向另一侧瞄准时，回转（起落）部分的瞄准速度不同	电阻 6 - R6、6R5、6 - R10、6 - R11、6 - R12 失调	控制箱应送修
22	在瞄准时回转（起落）部分剧烈振动，在接通和制动时慢慢停住	（1）电路故障。（2）电容器 6 - C2（6C1）被击穿	控制箱应送修
23	在接近极限角度时，回转（起落）部分撞击机械限位	方向（高低）角限位器出现故障	按照第 6 章第 3 节第 8、9 项的规定检查角限位器的安装。必要时，用 2 号组套备附具（ЗИП）中的备件更换角限位器

续表

序号	故障名称、外观表现和辅助特征	可能原因	排除方法
24	任意信号灯均不亮	灯烧了或从灯座上松动	将灯拧入灯座或用1号单套备附具或2号组套备附具（ЗИП）中的备件更换
25	在接通电源时，驾驶室内的电压表无法显示电传动系统的电压	（1）发电机励磁系统反复磁化。 （2）电压表故障。 （3）连接电压表的导线中断。 （4）调节继电器故障	（1）为了修复电压发生器的极性，进行以下操作。 ①接通电源。 ②打开"信号显示"开关。 ③按住按钮（9）（图60）不放，直到电压表10的指针发生偏转。 ④电压表的读数应为27~29 V。 （2）更换电压表。 （3）检查并排除电压表接线故障。 （4）应更换。
26	驾驶室内的转速表测量仪不显示底盘发动机转速	（1）电缆（8）损坏（图39）。 （2）转速表传感器或测量仪出现故障	（1）从底盘面板上拆解转速表测量仪。将芯线端头从传感器接线柱和转速表测量仪上断开，用工装Ц4313检查电缆芯线完好性。 为了够到芯线端头，取下传感器（7）和测量仪（9）的盖子。若电缆出现故障，拧下外套螺母将其拆下。 当使用2号组套附备具或3号维修套备附具（ЗИП）中的备件更新电缆时，为保持密封性，注意转速表测量仪和传感器接头。 （2）用2号组套备附具（ЗИП）中的备件更换转速表

续表

序号	故障名称、外观表现和辅助特征	可能原因	排除方法
27	在脉冲发生器9B370M运行时，定向管所有触点上无电压	电缆（1）、（2）、（14）机械性损坏（图61）。	将电缆彼此分开，并从配电箱上拆下电缆（14）。将接触组件（3）插座与电缆组件（2）断开。
27			根据射击电路原理图（图66），将工装Ц4313用作欧姆表，检查电缆芯线的完好性。用2号组套备附具（ЗИП）中的备件更换故障电缆（1）和（14）（图61）。电缆（2）应送修
28	在检查射击电路时，一个或几个定向管上的万用表灯不亮	（1）万用表连接处的触点损坏。 （2）配电箱故障。 （3）万用表的灯烧坏。 （4）万用表电路断路。 （5）故障接触组件的连接器接触不良。 （6）故障接触组件的导线断开	（1）确保万用表与接触本体可靠接触。 （2）进行更换。 （3）用1号单套备附具或2号组套备附具（ЗИП）中的备件更换灯。 （4）修复万用表电路。 （5）拔掉插头，用酒精擦拭插头和插座，然后重新插入。 （6）用1号单套备附具或2号组套备附具（ЗИП）中的备件更换故障接触组件
29	在齐射时，有一发火箭弹未发射出去	（1）火箭弹故障。 （2）其中一个接触组件故障	（1）更换火箭弹。 （2）用1号单套备附具或2号组套备附具（ЗИП）中的备件更换接触组件

续表

序号	故障名称、外观表现和辅助特征	可能原因	排除方法
30	某一定向管射击电路中的接触电阻超过 2 Ω	射击电路的接触不可靠	检查接地线（3）（图62）和定向管跨接线（4）连接的完好性、可靠性。断开电缆（1）、（2）、（14）（图61）与接触组件（3）的插座和插头，用酒精清洁插座和插头的接触点并擦干
31	火箭弹发射不均匀	脉冲信号发生器9В370М电源电路中的接触不可靠	检查电缆（8）（图65）Ш1/Ш2和电缆（13）与电源板连接的完好性和可靠性
32	平衡机杠杆在套管中发出"吱吱"声，用电传动装置驱动起落部分不平稳等	平衡机杠杆套管缺少润滑脂	分解平衡机，按照润滑表（附件3）清洗和涂油。根据第8章第2节第18项、第8章第3节第21项和第8章第6节分解和组装

注：表中所有引文按《规范》第五册相关内容叙述。

原始资料与参考文献

原始资料

1. Архив ВИМАИВиВС. Ф. 27. Оп. 14. Ед. хр. №4.

2. Архив ВИМАИВиВС. Ф. 3. Оп. 109. Д. 334. Л. 344, 344об.

3. Архив ВИМАИВиВС. Ф. 3. Оп. 3/2. Д. 149. Л. 162.

4. Архив ВИМАИВиВС. Ф. 3. Оп. 3/2. Д. 149. Л. 82, 83, 84, 130, 131, 134, 135.

5. Архив ВИМАИВиВС. Ф. 4. Оп. 39/3. Д. 704. Л. 203, 206.

6. Архив ВИМАИВиВС. Ф. 4. Оп. 40. Д. 105. Л. 3, 4, 7 – 14об.

7. Архив ВИМАИВиВС. Ф. 4. Оп. 40. Д. 105. Л. 8, 8об.

8. Архив ВИМАИВиВС. Ф. 4. Оп. 40. Д. 131. Л. 168, 178. Журнал 《О действии пеших ракетных команд в Чеченском отряде》. Копия.

9. Архив ВИМАИВиВС. Ф. 5. Оп. 12. Д. 181. Л. 4 – 5. Из рассмотрения предложения корреспондента бельгийской газеты L' Emancipation об устройстве изобретения Варнера.

10. Архив ВИМАИВиВС. Ф. 5. Оп. 3. Д. 1. Л. 138.

11. Архив ВИМАИВиВС. Ф. 5. Оп. 3. Д. 1. Л. 235.

12. Архив ВИМАИВиВС. Ф. 5. Оп. 4. Д. 496. Л. 22 – 23. Из доклада по Управлению инспектора всей артиллерии. Отделение 2. 14.08.1856 г.

13. Архив ВИМАИВиВС. Ф. 6. Оп. 24/3. Д. 5. Л. 42,74,75.

14. Архив Военно – исторического музея артиллерии, инженерных войск и войск связи（далее Архив ВИМАИ – ВиВС）. Ф. 3. Оп. 109. Д. 334. Л. 107.

15. Архив ГНЦ ФГУП《Центр Келдыша》. Инв. 97. Л. 173.

16. РГВИА. Ф. 35. Оп. 4/245. Д. 334. св. 196. Л. 6, 27 – 29, 34.

17. РГВИА. Ф.503. Оп. 4. Д. 58. Л. 110.

18. РГВИА. Ф.503. Оп. 4. Д. 58. Л. 120, 133.

19. РГВИА. Ф.503. Оп. 4. Д. 58. Л. 94, 110.

20. РГВИА. Ф.846. Оп. 16. Д. 4528. Л. 6 – 8, 10, 10об, 11.

21. РГВИА. Ф.846. Оп. 16. Д. 4790. Л. 34.

22. Российский Государственный Военно – Исторический Архив（далее РГВИА）. Ф. 846. Оп. 16. Д. 4587. Л. 126.

23. ЦАМО РФ. Ф. 59. Оп. 12196. Д. 53. Л. 54,55.

24. ЦАМО РФ. Ф. 59. Оп. 12200. Д. 23. Л. 49а, 361.

参考文献

1. A TREATISE on the general principles, powers, and facility of application of the CONGREVE ROCKET SYSTEM, as compared with artillery:... Major – Gen. Sir W. CONGREVE, London. 1827. – P. 32, 71, Plate 7.

2. A TREATISE on the general principles, powers,. – P. 8, 32, 63, 65, 71, Plate 3.

3. Historical Arms Series No. 23. Sir William Congreve and The Rocket's Red Glare. By Donald E. Graves. – P. 13, 14. Ссылка: http://www.uark.edu/campus – resources/sears/honors% 20colloquiumZcongreve. pdf

4. http://abunda.ru/32440 – 2003 – god – kak – nachinalas – vojna – v – irake – 56 – foto. html

5. http://forum. valka. cZ/viewtopic. php/t/12993/start/0/postdays/0/ pos-

torder/asc/highlight

6. http∶//military - informer. narod. ru/rsZo - belgrad. html.

7. http∶//rgantd. ru/vzal/60let/60let_katusha. php.

8. http∶//skeiZ. livejournal. com/1386820. html.

9. http∶//topwar. ru/20309 - ukrainskaya - modernizaciya - rszo - БМ - 21 - grad - БМ - 21u - grad - m. html.

10. http∶//www. armchairgeneral. com/forums/showthread. php? t = 69453.

11. http∶//www. spaceline. org/history/2. html.

12. Jane's Armour and Artillery 1986 - 1987. - London∶ Jane's Publishing Limited, 1988. - P. 738, 773 - 774.

13. Jane's Armour and Artillery 1991 - 92. - P. 701.

14. Jane's Armour and Artillery 1997 - 98. - P. 770.

15. Jane's Armour and Artillery 2000 - 2001. - P. 773 - 775,829.

16. M270 MLRS and XM142 HIMARS 227mm Multiple Launch Rocket System // Forecast International. - August, 2011. - P. 3 - 5.

17. Rockets in Mysore and Britain, 1750 - 1850 A. D. Roddam Narasimha National Aeronautical Laboratory and Indian Institute of Science. Project Document DU 8503. Lecture delivered on 2 April 1985 at the inauguration of the Centre for History and Philosophy of Science, Indian Institute of World Culture, Bangalore. - May 1985. Bangalore 560017 India. - P. 18. Ссылка∶ http∶//www. nal. res. in/pdf/pdfrocket. pdf.

18. Артиллерия и ракеты. Коллектив авторов. - М.∶ Воени - здат, 1968. - С. 41.

19. Боевая машина БМ - 21. Альбом рисунков к техническому описанию и инструкции по эксплуатации. - М.∶ Воени - здат МО РФ, 1971.

20. Боевая машина БМ - 14. Руководство службы. Краткое руководство. М.∶ Воениздат, 1953. - С. 3.

21. Боевая машина БМ - 21 (РСЗО 9К51 《Град》) Техническое описание и инструкция по эксплуатации. - М.∶ Воени - здат, 1971.

22. Боевая машина БМ – 24（индекс 8У31）. Руководство службы. – М.：Воениздат, 1958. – С. 3.

23. Боевая машина БМ – 24（индекс 8У31）. Руководство службы. – М.：Воениздат, 1958. – С. 9.

24. Боевая машина БМ – 31 – 12. Ру ководство службы. – М.：Воениздат, 1947. – С. 4.

25. Боевая машина БМ – 31 – 12. Руководство службы. М.：Вое – низдат, 1955. – С. 4.

26. Боевая машина БМД – 20. Краткое руководство службы. – М.：Воениздат, 1953. – С. 3.

27. Боевые машины БМ – 13Н, БМ – 13НМ, БМ – 13НММ. Руководство службы. – 3 – е изд. исп. – М.：Воениздат, 1974. – С. 5.

28. Боевые машины БМ – 14, БМ – 14М и БМ – 14ММ. Ру ководст – во службы. – 2 – е издание. – М.：Воениздат, 1972. – С. 3.

29. Большая советская энциклопедия. Т. 9. ЕВКЛИД – ИБСЕН. – Третье издание. – М.：Советская энциклопедия, 1972. – С. 384.

30. Гетманов С. И. История развития и опыт боевого применения русского ракетного оружия（конец XIV – начало XX вв.）. – Министерство обороны Союза ССР, 1969. – С. 20.

31. Константинов 1 – й. Полковник. Некоторые сведения о введении и употреблении боевых ракет в главных иностранных европейских армиях // Морской сборник. – №10. – Октябрь 1855 г. – С. 271, 272, 299.

32. Константинов К. И. Боевые ракеты. Добавление к курсу Г. Л. Весселя. – 186?. – С. 5, 8.

33. Константинов. О боевых ракетах. – Санкт – Петербург：Типография Эдуарда Веймара, 1864. – С. 226, 227.

34. Константинов. О боевых ракетах. – Санкт – Петербург：Типография Эдуарда Веймара, 1864. – С. 201, 226 – 229.

35. Конструкторское бюро《Арсенал》1949 – 2009 / Под редакцией

Седых В. Л. – СПб.：Комильфо，2009. – С. 7.

36. Краткая история СКБ – ГСКБ Спецмаш – КБОМ. 1 книга. Создание ракетного вооружения тактического назначения 1941 – 1956 гг. – М.：Конструкторское бюро общего машиностроения，1967. – С. 67.

37. Кузнецов К. М. История ракетного оружия и его боевого применения. МО СССР. – М.，1972. – вклейка.

38. Макаровец Н. А.，Устинов Л. А.，Авотынь Б. А. Стартовые и технические комплексы реактивных систем залпового огня. – Тула：Изд – во ТулГУ 2008. – С. 15.

39. Мельников П. Е. Старты с берега. — М.：ДОСААФ，1985. — 96 с.，ил. — （Молодежи о вооруженных силах）. – С. 22.

40. Метательные ракеты / Лекции 1 – го юнкерского класса Михайловского 185?. – С. 24.

41. Михайлов В. П.，Назаров Г. А. Развитие техники пуска ракет / Под общ. ред. акад. В. П. Бармина. – М.：Воени – здат，1976. – С. 24.

42. Науменко М. И. Материалы диссертации на соискание ученой степени кандидата. 《Военные ракеты в России》 // Академия Артиллерийских Наук. – М.：1953. Архив ВИМАИВиВС. НС. Раздел 1. Д. 152. Л. 54.

43. Науменко М. И. ... Л. 103，118，147 – 149，195.

44. Никитин Ю. А. 《Шпага Александра Засядко》. Повесть. – К.：Молодь，1979. – С. 128，130 – 132.

45. Никитин Ю. А. ... С. 204.

46. Носовицкий Г. Е. Продолжение 《Катюши》. – М.：Вузовская книга，2005. – С. 394.

47. О зажигательных ракетах（Конгревских）// Военный журнал по Высочайшему Его Императорского Величества соизволению издаваемый Военно – ученым комитетом. №. III. с 2 – мя чертежами. – Санкт – Петербург：Печатано в Военной типографии Главного Штаба Его Императорского Величества，1828. – С. 135，136.

48. О зажигательных ракетах (Конгревских)... С. 129, 132, 133, 190. – Чертеж I, рис. 13; чертеж II, рис. 16.

49. О стеллажах, фейерверочных корпусах и нечто о расположении увеселительных огней. – Санкт – Петербург: В типографии 1. 1оаннесова 1820 года. – С. 41, 42, 43. – Вклейка Т: IX. ф:46, ф:47, ф:48.

50. Об употреблении боевых ракет под Силистриею и при городе Бабадаг // Артиллерийский журнал. — №2. – С. – Петербург, 1855. – С. 130 – 132.

51. Пояснительная надпись к модели 6 – зарядного пускового станка для пуска 20 – фунтовых ракет конструкции Ракетного заведения в экспозиции ВИМАИВиВ С (г. Санкт – Петербург). Фото 2010 г.: С. В. Гуров (г. Тула).

52. Правила для употребления 2 – х дюймовых боевых ракет, с показанием предосторожностей какия должны наблюдать при действовании ракетами, а равно при перевозке и хранении их в запасе // Артиллерийский журнал. – № 2. – 1849. – С. 116 – 117.

53. Рукопись российским книгам для чтения из Библиотеки Александра Смирдина Систематическим порядком расположенная. В четырех частях, с приложением: Азбучной Росписи имени Сочинителей и переводчиков, и Краткой Росписи книгам по азбучному порядку. — Санкт – Петербург: В типографии Александра Смирди – на, 1828. – С. XXII (начало книги. Азбучная роспись) и с. 333.

54. Сайт ВИМАИВиВС (г. Санкт – Петербург). http://artillery – museum. ru/ru/schema – 8. html

55. Сведения об Австрийских боевых ракетах 1852 года. – Санкт – Петербург: В типографии Артиллерийского Департамента Военного Министерства, 1854. – С. 119, 127.

56. Соч. Данилова. Довольное и ясное показание по которому всякой сам собою может приготовлять и делать всякие фейерверки и разные иллюминации. – М.: В Университетской Типографии, 1822. – С. 32.

57. Употребление зажигательных ракет в военных действиях// Военный журнал по Высочайшему Его Императорско – му Величества издаваемый Военно – ученым комитетом. – № IV с 3 – мя чертежами. – Санкт – Петербург: Главного Штаба Его Императорского Величества, 1828. — С. 89 – 90, 109, 116.

附　　录

附录 1

附表 1　БМ-21 火箭炮的 1 号单套备附具（ЗИП）中的备件及工具清单

序号	名称	图号	图中件数
1	密封圈	00-240	2
2	密封圈	00-243	2
3	接触组件	Сб.12-30	1
4	垫圈	0904-55	4
5	继电器 РП-5 РС.522.008		2
6	保险 ПК-45-3ГОСТ 5010-53		5
7	保险 ПК-45-5ГОСТ 5010-53		5
8	灯 МН26-0,12-1 ТУ 16.535.494-70		4
9	灯 МН13.5В-0316А МРТУ2СФО.337,006		20
10	信号灯 ФРМ-1К ду0.242.001ТУ	НЛП2.424.048Сп	2
11	信号灯 ФРМ-1С ду0.242.001ТУ	НЛП2.424.050Сп	2
12	开口销 2,5x32 ГОСТ 397-66	ШР 螺母扳手	2
13	开口销 4x36 ГОСТ 397-66		2
14	开口销 5x40 ГОСТ 397-66		2
15	白炽灯 А12-6 ГОСТ 2023-66		6

续表

序号	名称	图号	图中件数
16	灯 МНЗ，5－0，26 ГОСТ 2204－69		2
17	键 8×7×20 ГОСТ 8789－68		2
18	灯 МН13.5В－0316А МРТУ2СФО.337，006		5
19	保险 ПК－45－5 ГОСТ 5010－53		5
20	ШР 螺母扳手	С6.14－87	1
21	扳手组件	С6.14－10	1
22	力矩扳手	С6.14－48	1
23	扳手组件	С6.14－11	1
24	力矩扳手	С6.14－24	1
25	力矩扳手	С6.14－48	1
26	螺丝刀（015×300）	14－81	1
27	套 17	14－82	1
27	套 19	14－83	1
27	套 24	14－84	1
27	套 29	14－85	1
28	圆形螺母扳手	14－290	1
29	扳手 27×30 ГОСТ 2839－71	7811－0041	1
30	扳手 32×36 ГОСТ 2839－71	7811－0043	1
31	扳手 7×8 ГОСТ 2839－71	7811－0005	1
32	扳手 10 ГОСТ 2839－71	7811－0107	1
33	扳手 30－34 ГОСТ 16984－71	7811－0315	1
34	扳手 38－42 ГОСТ 16984－71	扳手 38－42 ГОСТ 16984－71	1

续表

序号	名称	图号	图中件数
35	扳手 55-60 ГОСТ 16984-71	扳手 55-60 ГОСТ 16984-71	1
36	螺丝刀 160×0, 5 Гр. 2	螺丝刀 160×0, 5 Гр. 2	2
37	组合式平口钳		1
38	扳手 5, 5×7 ГОСТ 2839-71	7811-0002	1
43	炮刷	C6. 14-3	2
44	擦炮杆组件	C6. 14-6	2
45	罐	C6. 14-18	1
46	罐	C6 14-22	1
48	工具包	C6. 14-43	1
49	1号盒	C6. 14-42	1
50	文件包	C6. 14-43	1
51	瞄准具罩	C6. 14-47	1
52	带扣皮带	C6. 14-56	2
53	2号盒	C6. 14-51	1
54	退弹器	C6. 14-57	2
55	炮刷滑板（用于定向管导向槽）	C6. 14-70	2
56	槽刷	C6. 14-72	1
57	瞄准零线检查管	C6. 14-76	1
58	万用表	C6. 14-79	20
59	3号盒	C6. 14-82	1
60	电台罩	C6. 14-83	1
61	电源罩	C6. 14-84	1
63	锭子油桶（10 L）	14-11	1
64	饮用水桶（10 L）	14-12	1

续表

序号	名称	图号	图中件数
65	钝化液桶（20 L）	14 – 13	2
66	油桶 AC – 8	14 – 14	1
67	定向管检查样柱	14 – 90	1
68	手轮	14 – 195	2
73	带盒 A72906 – 2 的水准仪 1C ГОСТ 3059 – 60		1
74	尖头平锉 200 № 1	A72932 – 14	1
75	三角锉 200 № 3	A72932 – 22	1
76	ПВХ 带 15 × 0, 20 ГОСТ 16214 – 70		0, 4
77	工艺包装箱		1

附录 2

基于进口车的 БМ – 13 – 16 底盘如附图 1 所示。

(a)

附图 1　基于进口车的 БМ – 13 – 16 底盘[①]

(a) "Ostin" K – 6A，英国，БМ – 13 用首款进口底盘

---

① Материальная часть полка. http://www.oboznik.ruwww.dishmodels.ru；Реактивная артиллерия Красной Армии. C. 22. https://www.istmira.ru/istvtmir/reaktivnaya – artilleriya – krasnoj – armii/page/22/

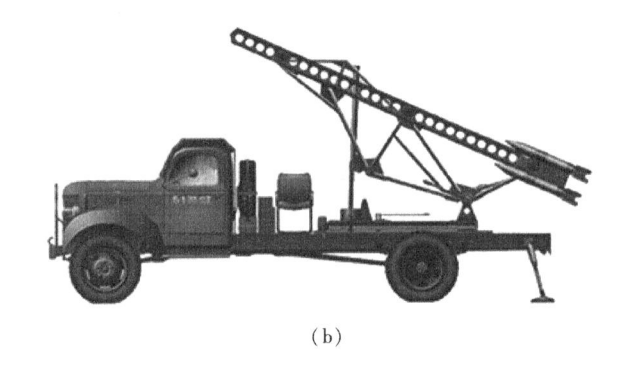

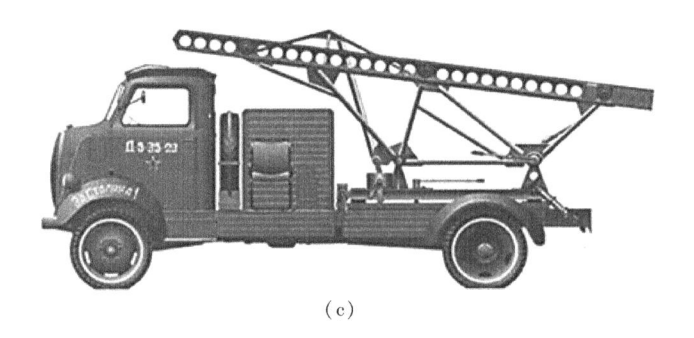

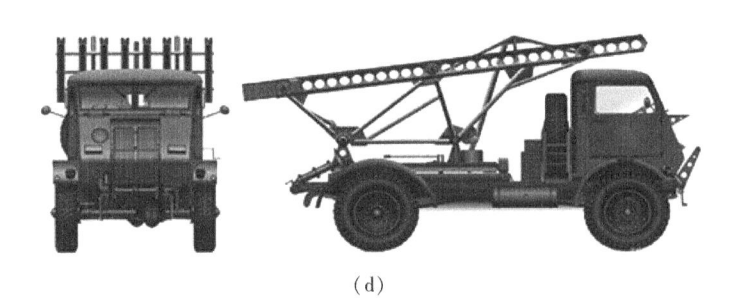

火炮武器：多管火箭炮系统 БМ－21

(b)

(c)

(d)

(e)

附图 1　基于进口车的 БМ－13－16 底盘（续）

(b)"Dodge" T 203；(c) Ford "Marmon"；(d)"Ford" WOT 4×4；(e)"Chevrolet" G7107

附　录

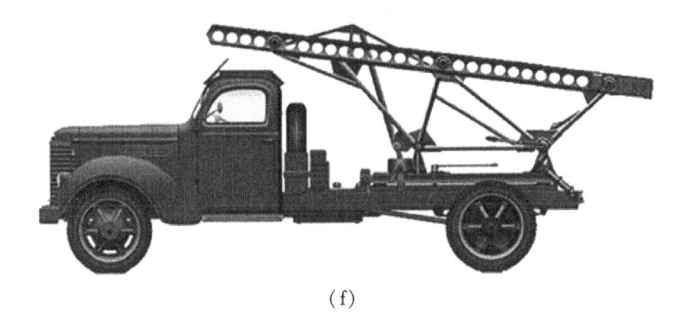

(f)

附图 1　基于进口车的 БМ–13–16 底盘（续）

(f)"International" K7

附录 3

Б17–1 火箭炮如附图 2 所示。

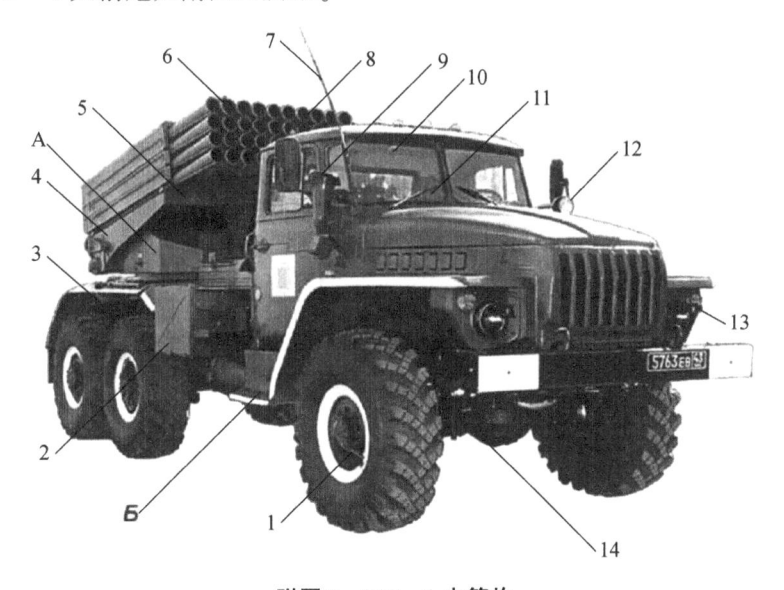

附图 2　Б17–1 火箭炮

А—9К51 火炮部分；Б—行驶部分：Урал–4320–02，Урал–4320–10 或 Урал–4320–31 底盘；1—轮胎中央充气系统；2—备附具箱；3—排气管（БМ–21 消音器和排气管在前保险杠下）；4—发射装置摇架；5—遥控发射台上的数据传输装置；6—发射弹元远程输入设备；7—无线发射机天线；8—卫星导航装置天线；9—进气口；10—瞄准手操控台；11—"Baget–41" 计算机；12—附加前探照灯；13—伪装前灯（БМ–21 在此处有金属防护网）；14—里程计

火炮武器：多管火箭炮系统 БМ–21

"龙卷风" –Г 多管火箭炮如附图 3 所示。

附图 3 "龙卷风" –Г 多管火箭炮①

控制和显示设备如附图 4 所示。

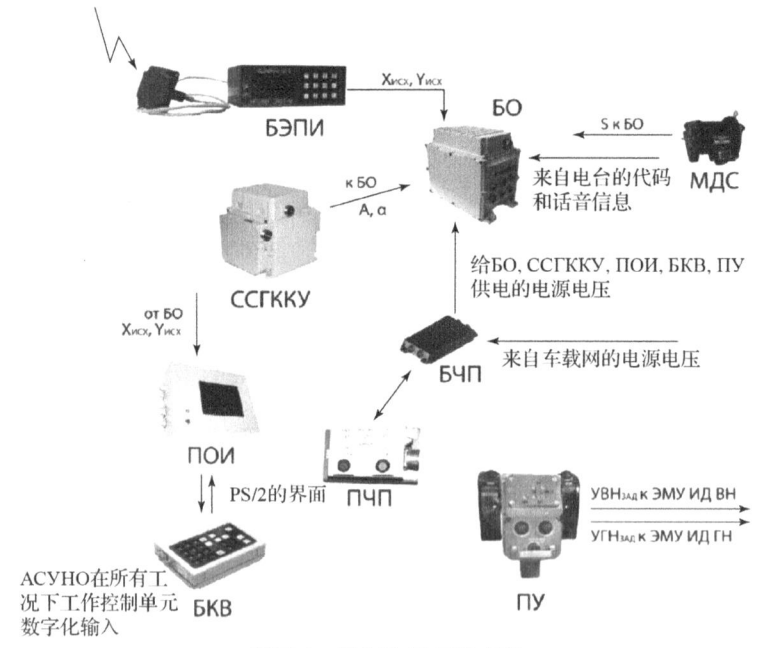

附图 4 控制和显示设备②

---

① Большая военная энциклопедия. http://zonwar.ru/artileru/reakt_sistem.html/Tornado–G.html.
② Большая военная энциклопедия. http://zonwar.ru/artileru/reakt_sistem.html/Tornado–G.html.

"龙卷风"-Г多管火箭炮的主要技术性能①如下。

（1）确定带初始误差（分划）不大于6（不长于15 min 的时间内）的初始方向角。

（2）由星站仪确定火箭炮停止和行军时的直角坐标，在10 km 路线上的平均误差不大于25 m（不包括初始坐标误差的确定）。

（3）综合中间误差不超过20 m 的卫星导航装置，确定行军2 h 前的火箭炮直角坐标。

（4）保持极限误差不大于2的方向角（在1 h 内停车工作或行军）。

（5）定向器在垂直面和水平面以中间误差（分划）不大于0.5（炮班不离开驾驶室）进行半自动瞄准。

（6）炮班自主装定射击时间不长于5 s。

缩略语如下。

（1）МДС——机械式速度传感器。

（2）ССГККУ——陀螺定向系统。

（3）БКВ——键盘输入单元。

（4）ПОИ——信息显示设备。

（5）БО——处理单元。

（6）БЧП——精电模块。

（7）ПЧП——精电操控台。

（8）ВН——高低瞄准。

（9）ГН——方向瞄准。

（10）МУ——指挥车。

（11）ЭМУ ИД ВН——高低瞄准执行电动机的扩大机。

（12）ЭМУ ИД ГН——方向瞄准执行电动机的扩大机。

（13）А——火箭炮定向器纵轴的方向角。

（14）Хисх. Үисх.——火箭炮初始坐标。

（15）α——火箭炮的初始方向角。

---

① Большая военная энциклопедия. http：//zonwar. ru/artileru/reakt_sistem. html/Tornado - G. html.

（16）Xц、Yц——给定的目标坐标。

（17）УГН——给定的方向瞄准角。

（18）УВН——给定的高低瞄准角。

（19）S——路径。

附录 4

БМ–21 电传动系统故障清单以及确定和排除故障的方法见附表 2。

附表 2　БМ–21 电传动系统故障清单以及确定和排除故障的方法①

序号	故障	可能原因	排除方法
1	驾驶室内的转速表测量仪不显示转速	（1）8 号电缆损坏。 （2）转速表传感器或测量仪出现故障	（1）从底盘面板上拆解转速表测量仪。将芯线端头从转速表传感器接线柱和转速表测量仪上断开，用工装 Ц 器或表准检查电缆芯线的完好性。 为了够到芯线端头，取下转速表传感器（7）和测量仪（9）的盖子。若电缆出现故障，拧下外套螺母将其拆下。 当使用 2 号组套备附具或 3 号维修套备附具（ЗИП）中的备件更新电缆时，为了保持密封性，应注意转速表测量仪和传感器接头。 （2）用 2 号组套备附具（ЗИП）中的备件更换转速表

---

① Анализ развития системы диагностирования ракетно-артиллерийского вооружения. https://studwood.ru/681236/bzhd/analizjvozmozhnyh_neispravnostey_elektroprivoda.

续表

序号	故障	可能原因	排除方法
2	当按下控制板上的高低或方向按钮时，电动机扩大机（ЭМУ）的驱动电动机无法启动	（1）螺钉（14）（图18）未拧紧接触组件杆。 （2）控制板上的高低按钮 22 - Kn1、方向按钮 22 - Kn2（图 59）故障。 （3）接触组件故障。 （4）控制箱元件故障。 （5）10 号电缆（图 32）故障	（1）拧松螺钉（14）以确保接触组件可靠吸合，并锁定螺钉。当方向固定器断开时，螺钉头和接触组件本体之间的间隙应不小于 0.4 mm； （2）检查工装 Ц4315 的按钮故障性。 用 2 号组套备附具（ЗИП）中的备件更换故障按钮。 （3）用 2 号组套备附具（ЗИП）中的备件更换接触组件。 （4）应送修。 （5）应送修。
3	在接近极限角度时，回转（起落）部分撞击机械限位	方向（高低）角限位器出现故障	检查方向（高低）角限位器的安装。必要时，用 2 号组套备附具（ЗИП）中的备件更换方向（高低）角限位器
4	任意信号灯均不亮	信号灯烧了或从灯座上松动	将信号灯拧入灯座或用 1 号单套备附具或 2 号组套备附具（ЗИП）中的备件更换

续表

序号	故障	可能原因	排除方法
5	虽然电动机扩大机（ЭМУ）受控，但传动装置不受操控台控制（当转动手轮时发出高音）	执行电动机被制动	检查瞄准手轮是否有卡滞（楔入、外来物掉入等）。排除卡滞因素。借助工装 Ц 检查电磁套筒线圈的故障性。电阻 $R = 22 \sim 25\ \Omega$。应更换故障联轴器
6	在操控台手轮处于中位时，接通方向机（高低机）的传动装置时起落部分（回转部分）开始动作。操控台手轮同样在中间位置，无法用手摇传动装置瞄准	（1）操控台上的变压器位置控制器损坏，因此变压器的移动触点被移位。（2）握刷 19（图 49）从绝缘区移到扇形区	用 2 号组套备附具（ЗИП）中的备件更换操控台。
7	当从一侧向另一侧瞄准时，回转（起落部分）的瞄准速度不同	电阻 6-R6、6R5、6-R10、6-R11、6-R12 失调	控制箱应送修

附录 5

闭锁挡弹装置分离工具如附图 5 所示。

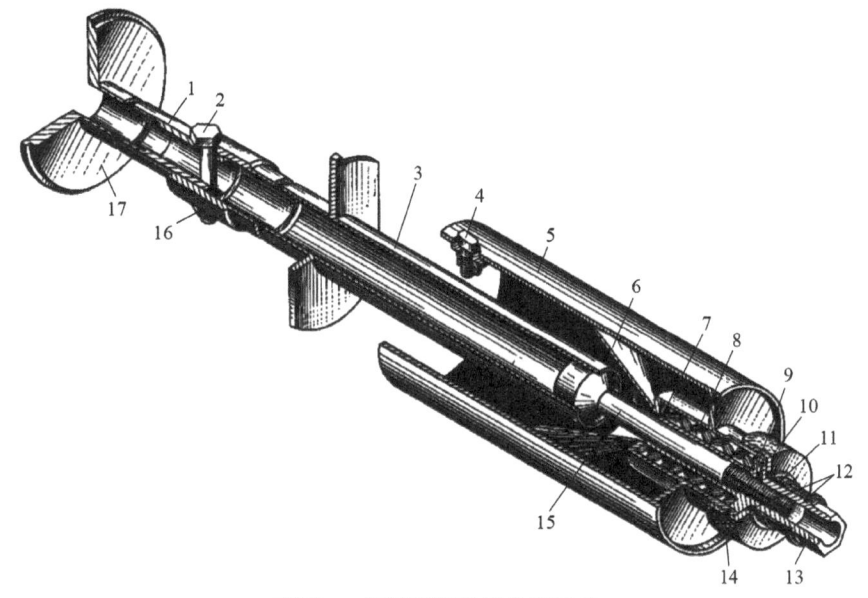

附 录

附图 5　闭锁挡弹装置分离工具

1—管；2—螺栓；3—管装配；4—销；5—本体装配；6—锥体；7—弹簧；8—衬套；9—销；10, 13, 16—螺母；11—环；12—支承环；14—螺钉；15—导向杆（螺杆）；17—支承板（垫环）。

半轴拆解工具如附图 6 所示。

附图 6　半轴拆解工具

1—横梁；2—回转把；3—开口销；4—管；Д—孔[1]

附录 6

"龙卷风" – Г 多管火箭炮用 122 mm 火箭弹[2]。

---

[1] Боевая машина БМ – 21. Альбом рисунков к техническому описанию и инструкции по эксплуатации М. : Воениздат МО РФ 1971. с. 69.

[2] https://bmpd.livejournal.com/3326341.html.

151

火炮武器：多管火箭炮系统 БМ-21

"龙卷风"-Г系统于2014年装备俄罗斯军队，该武器以高效可靠的特点取代了传统武器"冰雹"多管火箭炮。

9М538、9М539和9М541火箭弹是"龙卷风"-Г多管火箭炮的标准弹药[1]，如附图7所示。

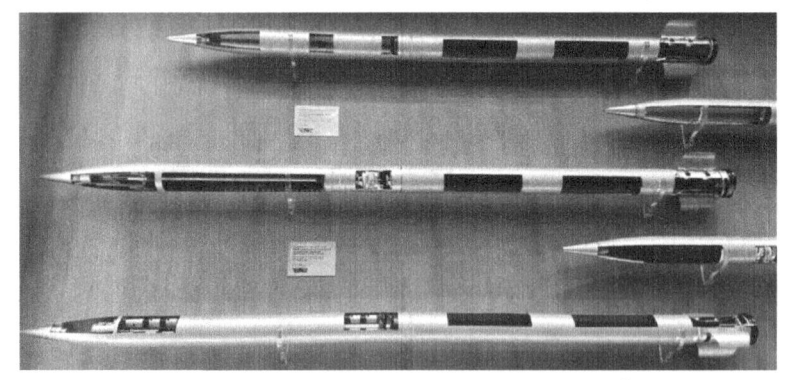

附图7 9М538、9М539和9М541火箭弹[2]

在附图7中，从上到下，9М538带增强威力的杀伤爆破战斗部，9М539带增强效能的可分解杀伤爆破战斗部，9М541带70个破甲杀伤子弹的子母战斗部，由机器制造工艺与科研生产康采恩有限公司生产。

机器制造工艺科研生产康采恩公司对"龙卷风"-Г多管火箭炮用3种新型122 mm火箭弹进行了展示。其中一件展品是带增强效能的可分解杀伤爆破战斗部的非制导火箭弹（9М539）。它用于摧毁暴露和掩体中的有生力量、无装甲装备、指挥所和其他目标。9М539火箭弹可以有效地打击褶皱地域（反斜坡、峡谷等）后面和山区的目标，射程为5～20 km，工作温度是-50～+50°C。该火箭弹的杀伤效能平均比"冰雹"系统的9М22У非制导杀伤爆破弹（标准弹）高6倍。

带子母战斗部和破甲杀伤子弹的9М541火箭弹可打击达20 km外的目标，装甲穿透深140mm。它的杀伤效能比"冰雹"系统的标准火箭弹高10倍。

除了这些火箭弹之外，俄罗斯还开发了带增强威力的杀伤爆破战斗部

---

[1] По материалам Международного военно-технического форума 《Армия-2018》, АО 《Научно-производственный концерн 《Технологии машиностроения》 (Концерн 《Техмаш》 Госкорпорации Ростех). 21-26 августа 2018 года, Кубинка.

[2] https://bmpd.livejournal.com/3326341.html.

的非制导火箭弹（9M538）。该火箭弹的杀伤效能是"冰雹"系统的标准火箭弹的 2 倍，战斗部质量为 34.5 kg，有 1 312 发 6 mm 预制破片和 2 660 发 9 mm 预制破片。

"龙卷风" - Г 多管火箭炮配备的标准火箭弹——所有 3 型 122 mm 火箭弹的一个特点是其战斗部质量增加，有损射程增加。之前推出的"冰雹"多管火箭炮的 9M500 系列火箭弹的射程为 30～40 km，而 9K51M "Тор - надо - Г" 多管火箭炮的新弹的射程为 20 km，这与老式 9M22У "冰雹"系统的标准火箭弹相当。

同时，9M538 火箭弹的质量为 34.5 kg，带可分解杀伤爆破战斗部（通过降落伞下降）的 9M539 火箭弹的质量为 36 kg，带破甲杀伤子弹的子母战斗部的 9M541 火箭弹的质量为 33.6 kg。

9M538 火箭弹长 2.64 m（战斗部长 1 m），9M539 和 9M541 火箭弹长 3.053 m。由附图 8，可明显看出战斗部和推进装置的大小差异。

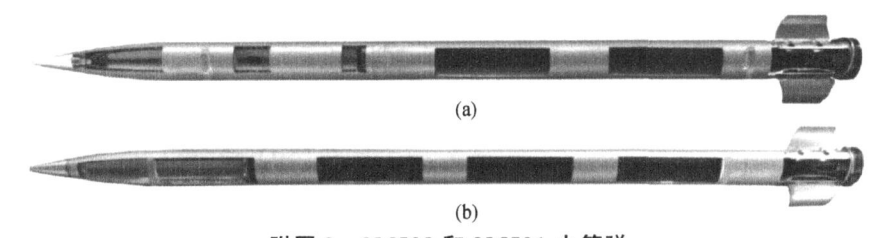

附图 8　9M538 和 9M521 火箭弹

(a) 9M538；(b) 9M521

附录 7

1В17 "Машина - Б" 射击指挥车集成系统于 1973 年投入使用，实现了牵引式火炮和火箭炮师级射击自动化。

1В17 "Машина - Б" 射击指挥车集成系统（取决于火箭炮系统的类型）包括设备组成不同的火箭炮射击指挥车 1В19 "Клен - 2"、1В18 "Клен - 1"、1В111 "Ольха"（9С77）和 1В110 "Береза"。"Машина - Б" 射击指挥车集成系统可进行侦察、地形测绘等射击准备，指挥炮兵营级连排火力，进行诸兵种合成指挥和炮长通信。

1B17 "Машина – Б" 射击指挥车集成系统组成如附图 9~附图 12 所示，其战术技术性能见附表 3，其示意图如附图 13 所示。

附图 9　火箭炮射击指挥车 1B118 "Клен – 1"（营长）

附图 10　火箭炮射击指挥车 1B119 "Клен – 2"（连长）

附图 11　火箭炮射击指挥车 1B110 "Береза"（连参谋长）

附图 12　火箭炮射击指挥车 1B111 "Ольха"（营参谋长）

附表3　1B17"МашинаБ"射击指挥集成系统的战术技术性能①

序号	性能名称	单位	1B19	1B18	1B111	1B110
1	乘员	人	5	5	7	5
2	底盘	—	БТР-60ПБ 或 БТР-80	БТР-60ПБ 或 БТР-80	ЗИЛ-131	ГАЗ-66
3	发动机功率	hp②	2×90	2×90	150	115
4	最高速度	km/h	80~90	80~90	90	90
5	水面航速	km/h	10	10	—	—
6	战斗质量	t	10.2	10.2	10.8	5.8
7	装甲厚	mm	5~11	5~11	—	—
8	车体长	mm	7 560	7 560	7 040	5 805
9	宽	mm	2 830	28 306	2 500	2 525
10	行军状态高	mm	2 420	2 420	2 510	2 500
11	武器	机枪	1×7.62 mm PCMB	1×7.62 mm PCMB	—	—
12	弹药：7.62 mm	发	1 000	1 000		
13	燃油储备里程	km	500	500	850	800
14	目标交会最远距离（量子测距仪）	M	10 000	10 000	—	—
15	目标照射最远距离（量子测距仪）	—	5 000	5 000	—	—
16	通信工具	—	Р-123М，Р-193，ТА-57，1Т803М	R-107M，Р-111，R-123M。Р-193，1Т803М	R-107M，Р-111，R-123M，R-193JT803M	—
17	导航设备运行准备时间	min	7~13	7~13	—	7~13

① Составлено по：Комплекс средств автоматизации управления огнем《Машина-Б》1В17. Рис. Алексей Лисоченко. http:// cris9. armfbrc. ru/rva lvl7. htm.

② hp 为马力（horse power），是一种计量功率的单位，属于非法定计量单位。

火炮武器：多管火箭炮系统 БМ-21

诸兵种合成指挥

营长—营参谋长

一连长—一连参谋长

二连长—二连参谋长

三连长—三连参谋长

诸兵种合成指挥上级参谋部

火炮参谋长

附图 13　1В17 "Машина Б" 射击指挥车集成系统示意图[1][2]

"Капустник-Б"（1В126）射击指挥自动化系统的组成如下。

（1）指挥侦察车（КНМ）1В152，用作营（连）指挥观察所（附图 14）。

---

[1] Комплекс средств автоматизации управления огнем 《Машина – Б》 1В17. Рис. Алексей Лисоченко. http：//cris9. armforc. ru/rva_1v17. htm.

[2] Советская боевая машина пехоты. https：//клипарт. рф/изображение/6228858 – советская – боевая – машина – пехоты – бмп – 1；Советская бронетанковая техника. https：//itexts. net/avtor – mihail – borisovich – baryatinskiy/253453 – sovetskaya – bronetankovayatehnika – 1945 – 1995 – chast – 1；Подвижный разведывательный пункт ПРП – 3. http：// cris9. armforc. ru/rva_prp3. htm.

附图 14　指挥侦察车 1В152①

（2）指挥参谋车（КШМ）1В153，用作营（连）射击指挥所（附图 15）。

附图 15　指挥参谋车 1В153

"Капустник – Б"（1В126）射击指挥自动化系统的主要战术技术性能②如下

（1）射击和机动指挥：每个营 4 个连，每个连 8 门火箭炮。

（2）战斗队形的大小：$1.5 \text{ km} \times 1.5 \text{ km}$。

（3）在距离指挥侦察车（КНМ）1В152 不超过 500 m 处外设置指挥侦察所（КНП）。

---

① https://www.turkaramamotoru.com/ru/1% D0% 92152 – 404008. html；Файловый архив студентов. https://studfiles.net/preview/6219065/page:9/.

② Военно‑патриотический сайт《отвага》. http://otvaga2004.ru/kaleydoskop/kaleydoskop‑c4/upravlenie‑ognem‑samoxodnoj‑artillerii/.

（4）在距离指挥参谋车（КШМ）1В153 不超过 50 m 处外设置火炮（ПУ）。

（5）激光照射目标的距离为 7 km。

（6）在充分准备的基础上，计算射击装定单元中间误差：距离上为射程的 0.5%~0.7%，射向上为 00-2~0-04。

（7）测定指挥车坐标方差不大于 10 m（行程不超过 10 km，时间在 1 h 内）。

（8）在不超过 8 min 的时间内，测定车纵轴方向角极限误差为 0-02。

（9）测定车倾斜角中间误差不大于 0-01。

（10）与上级指挥和技术侦察设备自动交换电码和电话信息：通过超短波（УКВ）电台频道——通信距离达 20 km，通过鞭状天线上的短波（КВ）电台频道——通信距离达 30 km。

（11）进行有线通信——通信距离达 10 km。

"Капустник-Б"（1В126）射击指挥自动化系统组织图如附图 16 所示。

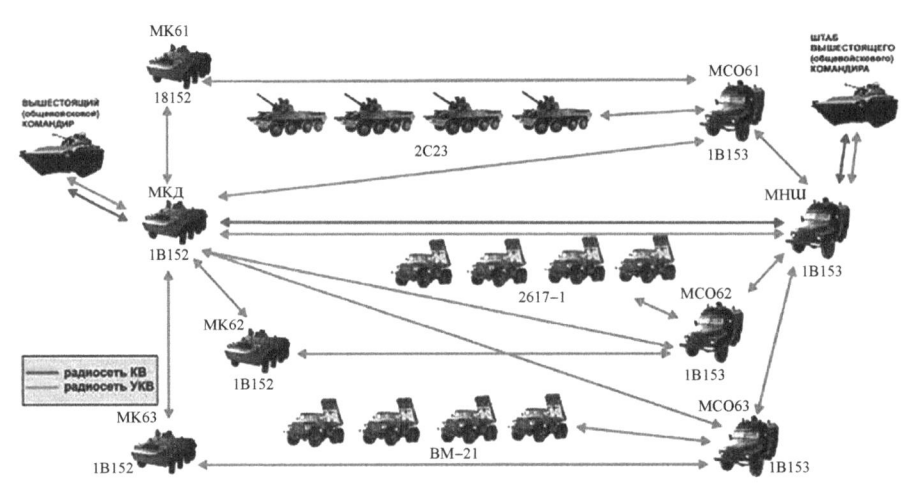

附图 16　"Капустник-Б"（1В126）射击指挥自动化系统组织图

具体实现如下。

（1）3 个 4~6 门制火炮连组成的营级自动（非自动）射击及战斗行动指挥。

（2）按营连射击及战斗行动指挥和准备，进行诸元和任务信息解算。

（3）流动指挥所、外设指挥侦察控制所、外设指挥所的设置。

（4）侦察和射击指挥设备的集成。

（5）敌情侦察、目标试射、战场和射击效果观察。

（6）指挥所地形连测。

（7）修正弹和制导弹射击时的射击指挥和目标激光照射。

（8）通过电台和有线通信方式与火炮参谋长、诸兵种的联合指挥（参谋部）、与火力装备和技术侦察装备的通信和信息交互。

（9）射击阵地区域的地面气象数据测量。

（10）辐射和化学侦察。

（11）行军和转移时的指挥火炮导航。

解决任务如下。

（1）战斗行动准备时指挥营（连）。

（2）查明任务和评估态势。

（3）拟定营（连）作战行动。

（4）批准计划结果，向下级布置战斗任务。

（5）进行营（连）发射准备和射击指挥。

（6）组织准备射击装定单元。

（7）组织准备效力装定单元。

（8）检查准备情况。

（9）在作战行动中指挥营（连）。

（10）保障有关己方部队、敌方部队和作战行动条件等主管所需信息。

（11）上报主管指挥信号信息。